中等职业教育国家规划教材

数字电子线路

（第3版）

姜有根　郭晋阳　主　编
王永祥　王　岚　副主编

电子工业出版社
Publishing House of Electronics Industry
北京 · BEIJING

内 容 简 介

本书由《数字电子线路》第 2 版修订而成。第 1 章介绍二进制代码和逻辑代数的基础知识，第 2 章介绍数字集成电路的系列产品及基本门电路，第 3 章介绍组合逻辑电路的应用、设计及分析，第 4 章介绍时序逻辑电路的应用、设计及分析；第 5～7 章为扩展内容，分别介绍半导体存储器、可编程电路、模拟信号接口电路和脉冲电路。实验和制作内容分设在各章之后。

本书适用于中等职业学校工科类专业的师生使用，也是职业院校电子类专业的数字技术基础教材，也适合电子技术爱好者自学。

图书在版编目（CIP）数据

数字电子线路 / 姜有根，郭晋阳主编. —3 版. —北京：电子工业出版社，2012.6
中等职业教育国家规划教材
ISBN 978-7-121-17284-7

Ⅰ．①数…　Ⅱ．①姜…　②郭…　Ⅲ．①数字电路—中等专业学校—教材　Ⅳ．①TN79

中国版本图书馆 CIP 数据核字（2012）第 121423 号

策划编辑：杨宏利
责任编辑：杨宏利　　　特约编辑：赵红梅
印　　刷：北京七彩京通数码快印有限公司
装　　订：北京七彩京通数码快印有限公司
出版发行：电子工业出版社
　　　　　北京市海淀区万寿路 173 信箱　邮编 100036
开　　本：787×1092　1/16　印张：12.25　字数：313.6 千字
版　　次：2005 年 9 月第 1 版
　　　　　2012 年 6 月第 3 版
印　　次：2024 年 1 月第 14 次印刷
定　　价：26.00 元

凡所购买电子工业出版社图书有缺损问题，请向购买书店调换。若书店售缺，请与本社发行部联系，联系及邮购电话：(010) 88254888，88258888。

质量投诉请发邮件至 zlts@phei.com.cn，盗版侵权举报请发邮件至 dbqq@phei.com.cn。

本书咨询联系方式：(010) 88254592，bain@phei.com.cn。

中等职业教育国家规划教材出版说明

为了贯彻《中共中央国务院关于深化教育改革全面推进素质教育的决定》精神，落实《面向 21 世纪教育振兴行动计划》中提出的职业教育课程改革和教材建设规划，根据《中等职业教育国家规划教材申报、立项及管理意见》（教职成〔2001〕1 号）的精神，教育部组织力量对实现中等职业教育培养目标和保证基本教学规格起保障作用的德育课程、文化基础课程、专业技术基础课程和 80 个重点建设专业主干课程的教材进行了规划和编写，从 2001 年秋季开学起，国家规划教材将陆续提供给各类中等职业学校选用。

国家规划教材是根据教育部最新颁布的德育课程、文化基础课程、专业技术基础课程和 80 个重点建设专业主干课程的教学大纲编写而成的，并经全国中等职业教育教材审定委员会审定通过。新教材全面贯彻素质教育思想，从社会发展对高素质劳动者和中初级专门人才需要的实际出发，注重对学生的创新精神和实践能力的培养。新教材在理论体系、组织结构和阐述方法等方面均做了一些新的尝试。新教材实行一纲多本，努力为教材选用提供比较和选择，满足不同学制、不同专业和不同办学条件的教学需要。

希望各地、各部门积极推广和选用国家规划教材，并在使用过程中，注意总结经验，及时提出修改意见和建议，使之不断完善和提高。

教育部职业教育与成人教育司

前　言

　　学习、理解一种电路的理论，要注意这种电路与其他电路的区别与联系。模拟电路传输、处理的是模拟信号，脉冲电路传输、处理的是脉冲信号。数字电路则是以矩形脉冲电压表示数字（0、1）信号，通过对数字信号的逻辑处理实现各种功能。实际应用中，常用数字电路为脉冲电路提供信号源，数字、脉冲两种电路既有功能区别，又关系密切。

　　学习本课程的目的是了解或掌握对数字电路的设计、分析方法。逻辑表述方式的等效转换和逻辑表达式等效变换是处理数字逻辑问题的两种基本手段，数字电路的设计、分析就是这两种方法的实际应用。

　　掌握逻辑代数的基础知识和了解数字集成电路产品及其使用，也是学习数字电路的基本内容。理解和掌握知识还需要通过实验的验证，依据数字电路动作的可分解性简化实验装置和实验方法，为读者解决实验难题。

　　本书第1、第4章由王永祥编写，第2章、第3章及附录A、附录B、附录C由姜有根、崔鹏飞编写，第5章由郭晋阳编写，第6章由王岚、郭斌编写，第7章由金国栋、戴顺、姜南编写。全书由姜有根、郭晋阳负责统稿，任本书主编。由甘肃联合大学王永祥和北京市实验职业学校王岚任副主编。

　　由于编者水平有限，书中难免有错漏之处，请广大读者热心给予批评指正。

编　者

2012 年 5 月

目　录

第 1 章

二进制代码和逻辑代数基础

第 1 节　二进制代码

一、二进制

不同的计数方式称为不同的数制。人们常用的是十进制，用 0～9 十个数码计数。用 0、1 两个数码计数的方式叫做二进制。二进制数跟十进制数一样可以进行各种数学运算。二进制的进位规则是"逢二进一"。

1．二进制的运算

加法规则：

$$0+0=0 \qquad 0+1=1 \quad 1+0=1 \qquad 1+1=10$$

减法规则：

$$0-0=0 \qquad 1-0=1 \quad 1-1=0 \qquad 10-1=1$$

乘法规则：

$$0\times0=0 \qquad 0\times1=0 \quad 1\times0=0 \qquad 1\times1=1$$

除法规则（0 不能当做除数）：

$$0\div1=0 \qquad 1\div1=1$$

虽然进位规则不同，但十进制所有基本运算手段和法则都对二进制适用，二进制的运算比十进制简单。

【例 1-1】计算 1011+1010。

$$
\begin{array}{r}
1\,0\,1\,1 \\
+\,1\,0\,1\,0 \\
\hline
1\,0\,1\,0\,1
\end{array}
$$

所以 1011+1010=10101。

【例 1-2】计算 101×110。

$$
\begin{array}{r}
1\,0\,1 \\
\times\,1\,1\,0 \\
\hline
0\,0\,0 \\
1\,0\,1 \\
+\,1\,0\,1 \\
\hline
1\,1\,1\,1\,0
\end{array}
$$

所以 101×110=11110。

2．二进制、十进制、十六进制的对照

鉴于二进制数的位数较多，实用中常以十六进制作为二进制的缩写。4 位二进制对应 1 位十六进制，三种进制的对照如表 1-1 所示。

表 1-1　三种进制数对照

十进制数	二进制数	十六进制数
0	0000	0
1	0001	1
2	0010	2
3	0011	3
4	0100	4
5	0101	5
6	0110	6
7	0111	7
8	1000	8
9	1001	9
10	1010	A
11	1011	B
12	1100	C
13	1101	D
14	1110	E
15	1111	F

二、二进制代码

二进制的 0、1 两个数码，不仅用于表示数值大小，还可以用于对各种信息、信号进行编码，使之适于数字系统的传输和处理。用于编码的 0、1 不再是数，而是一种代码，称为二进制代码（简称为二进制码或 0、1 码）。把 0、1 代码按指定规律进行编排，可表示各种复杂信息、信号，输入数字系统进行处理，构成了无所不能的数字技术。下面介绍两种与本书内容相关的编码。

1．BCD 码

BCD 码也叫二-十进制编码，是用 0、1 码对 0~9 十个十进制数码的编码。0~9 十个数字就是 10 种不同状态。二进制数码最少位数 n 与需要表示的状态数 N 的关系按

$$2^{n-1} < N \leqslant 2^n \tag{1-1}$$

关系式确定。当 $N=10$ 时，$n=4$，所以，编制 BCD 码最少要用 4 位二进制码。

（1）8421 码：用 8421 码表示十进制的 0~9 数码，是最常用的方式。8421 码是有权码，4 位二进制码从高位至低位，每位的位权值分别为 $2^3=8$、$2^2=4$、$2^1=2$、$2^0=1$。8421 码的编码与 10 个数字的对照表如表 1-2 所示。BCD 码的有权代码还有 5421 码和 2421 码等，这些编码之间的对应关系也在表 1-2 中。

表 1-2　8421 码编码对照表

十进制数	8421	5421	2421	余三码
0	0000	0000	0000	0011
1	0001	0001	0001	0100
2	0010	0010	0010	0101
3	0011	0011	0011	0110
4	0100	0100	0100	0111
5	0101	1000	0101	1000
6	0110	1001	0110	1001
7	0111	1010	0111	1010
8	1000	1011	1110	1011
9	1001	1100	1111	1100

（2）无权码：从表 1-2 中可看出，采用 8421 码时，对应 7 和 8 的两组代码 4 位都不同，这就表示在数字系统中处理由 7 向 8 变值时，系统中表示 4 位二进制数的装置都要改变状态，反之亦然，这样会影响系统运行的可靠性。显然，5421 码和 2421 码对这种变化有所改善，除此之外，在数字系统中还使用一些无权码，如余三码［它是由 8421 码加 3（0011）得来的］、格雷码（Gray Code）等，表 1-3 为几种格雷码及与 8421 码的对照关系。

表 1-3　格雷码与 8421 码对照表

十进制数	8421	格雷码 1	格雷码 2	典型格雷码	修改格雷码
0	0000	0000	0000	0000	0010
1	0001	0001	0001	0001	0110
2	0010	0011	0011	0011	0111
3	0011	0010	0010	0010	0101
4	0100	0110	0110	0110	0100
5	0101	1110	0111	0111	1100
6	0110	1010	0101	0101	1101
7	0111	1011	0100	0100	1111
8	1000	1001	1110	1100	1110
9	1001	1000	1000	1101	1010

从表 1-3 中可看出，格雷码的共同特点是多数相邻码仅有一位不同。因此，它可以减少代码变换中产生的错误，是一种可靠性较高的编码。

2．逻辑代码

事物的两种截然相反的状态，如有与无、对与错、白天与黑夜、电路的通与断、电荷的正与负、磁体的 N 极与 S 极、事情的真与假、肯定与否定，等等，都可以用 0、1 代码表示，使具体事物的客观状态和信息转变为适于数字逻辑电路传输和处理的信号。这些可用 0、1 表示的状态称为逻辑状态，表示事物逻辑状态的 0、1 码称为逻辑代码，也叫逻辑数据。

第 2 节　基本逻辑

数字技术的不断发展、提高，在现代生活、生产、科技、军事等方面发挥着不可替代的作用。英国数学家乔治·布尔（George Boole）在 19 世纪中叶提出的逻辑代数（又称布尔代数）是设计、分析数字逻辑电路的数学工具。

逻辑是指人类的思维以及客观事物的因果规律。逻辑代数是以数学方式研究条件与结果之间逻辑状态变化规律的理论。数字逻辑电路是按逻辑代数原理处理矩形脉冲电压信号（即数字信号）的组合及变换的电路。

一、逻辑状态和逻辑数据

1．事物的逻辑状态

自然界中的事物是多种多样的，事物的状态也是千变万化的，其中最简单、最基本的是同一事物的两种相互对立（也称为互反、互斥）状态，称为事物的逻辑状态。事物的复杂状态及其变化可以用最简单、最基本状态的复合形式表示。

2．基本逻辑

最基本而典型的逻辑关系只有三种，即与逻辑、或逻辑和非逻辑，简称与、或、非。在乔治·布尔的逻辑代数中将逻辑关系赋予运算功能，所以，还可称为与逻辑运算（简称与运算）、或逻辑运算（简称或运算）、非逻辑运算（简称非运算）。

依据条件数量的不同，这三种最基本的逻辑可分为"一对一"和"多对一"两种类型。

"一对一"类型的是非逻辑。非逻辑所表述的是"一个事件由一个条件决定，条件具备时事件不能成立（不发生）"的相互否定关系。例如"有故障的机器不能使用"，其中"故障有无"和"机器能不能使用"之间就是一种非逻辑关系。

"多对一"类型的是与逻辑和或逻辑。与逻辑和或逻辑都属于"一个事件由多个（至少两个）条件决定"关系中的典型因果规律。

与逻辑表述的是"只有条件全具备，事件才能成立（发生）"的因果规律。

或逻辑表述的是"只要有条件具备，事件就能成立（发生）"的因果规律。

3．逻辑数据

为把客观事物之间的因果关系转换为类似数学方式的逻辑运算，逻辑代数将事物的逻辑状态用二进制码 0、1 表示，叫做逻辑赋值。赋值后的 0、1，各代表一种逻辑状态，称为逻辑数据。

在形式上逻辑赋值是可随意的，为了获得与语言表述一致的逻辑关系，通常把被关注的状态（即条件和事件的有效态）赋值为 1，另一状态赋值为 0。

通过逻辑赋值，把实际事物状态间的因果关系转换为逻辑数据的运算关系。逻辑运算可用逻辑电路（本书第 2 章介绍）完成，逻辑电路（又叫数字逻辑电路，简称数字电路）就是能够实现各种逻辑运算功能的电路。

二、逻辑的表述方式及特点

1．表述逻辑的基本方法及其特点

表述逻辑关系有文字（语言）命题、逻辑状态表、逻辑真值表、逻辑表达式、逻辑图形符号（逻辑图）、逻辑电路和电压波形图六种基本方法。

（1）定义是用文字（语言）表述一个逻辑事例，即用文字或语言说明事物状态间逻辑关系的方法。

（2）状态表是按照文字（或语言）表述的事物逻辑关系，把各条件状态的全部组合以及对应结果的状态列成表格。

（3）真值表是对状态表中的各种状态进行逻辑赋值后形成的 0、1 代码表。

（4）逻辑表达式（也叫逻辑函数表达式）是表述结果与条件之间逻辑关系的数学等式，由字母、0/1 代码、逻辑运算符和相关数学符号组成。实际逻辑的条件在表达式中是逻辑变量、运算结果是逻辑函数，都用字母表示。逻辑表达式中的运算规则将结合实例介绍。

（5）逻辑符号是用图形加标识表述逻辑功能的方法，属于图形语言。逻辑符号既表示输入、输出信号之间逻辑运算关系，又是代表具有逻辑运算功能的电路符号。单个逻辑符号是最简单的逻辑电路图，多个逻辑符号相连接组合就是复杂逻辑电路图。在逻辑符号和逻辑电路图中，条件是电路的输入信号，结果是电路的输出信号，都用单线表示，即一条线表示一个信号。

（6）电压波形图是电路输入、输出信号实际动作的直观显示。逻辑电路的输入信号与输出信号之间的对应关系，也可以用电压变换的波形图表示。逻辑电路的实际波形图，需用逻辑分析仪（或多通道示波器）对电路检测，在仪器的屏幕上显示出来。理论波形可以按真值表中输入、输出逻辑值的对应值关系画出来。

这些表述逻辑的方法在处理实际逻辑问题过程中都有特定的用途，每种表述方式的应用及特点如表 1-4 所示。

表 1-4 逻辑表述方式的应用及特点

方　式	类　别	应用及特点
文字语言	逻辑定义或命题	用于定义或说明事物的条件与结果之间有效状态的逻辑对应关系或规律。通常只表述逻辑条件和结果的被关注的状态关系
表格	状态表	显示条件与结果的全部对应状态，能全面表述逻辑的各种对应状态关系
	真值表	是状态表的代码形式，是由命题生成表达式的关键环节，能全面表述逻辑的各种对应状态关系
	卡诺图	是真值表的特殊结构形式，主要用于表达式化简，但还有多种应用，能全面表述逻辑的各种对应状态关系
数学	表达式	用于逻辑代数运算和变换，并绘制相应结构的逻辑电路图。一个表达式只能表述被关注的逻辑条件和结果之间状态的对应关系
图形	图形符号、逻辑图	逻辑电路的图形表示。一个符号（图）只能表述逻辑条件和结果的被关注的状态对应关系
	状态转换图	主要用于表示时序电路状态的固定转换关系，是真值表的图形表示
	电压波形图	表示逻辑电路输入、输出信号的状态变化的对应关系是真值表的动态图形表示

2．基本逻辑（实例）的全面表述

数字逻辑电路的设计，首先由对逻辑关系的文字表述（命题）经过多种逻辑表述方式的转换，得出制作数字逻辑电路的逻辑图，再按图制作电路。这个过程如图 1-1 所示。

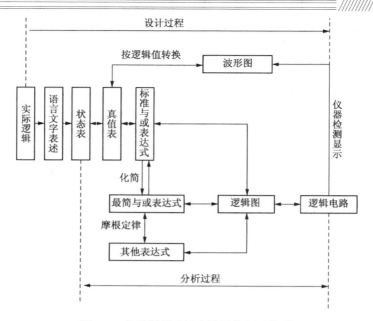

图 1-1　各种逻辑表述方法及其相互关系

下面以基本逻辑为实例，介绍表述逻辑的各种方式及其转换。

1）非逻辑

（1）非逻辑定义：如果一个事件由一个条件决定，并且两者之间是互为否定的关系，这样的因果关系称为非逻辑。

非逻辑也叫取反。事件是条件进行非逻辑运算的结果。

（2）非逻辑实例：如图 1-2 所示，开关 S 闭合与灯泡 L 亮就是非逻辑关系。开关 S 闭合，灯泡 L 短路，得不到正常供电，不亮；开关 S 断开，灯泡 L 得到正常供电而亮。

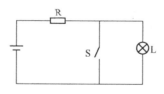

图 1-2　非逻辑实例

（3）非逻辑状态表：参照图 1-2 所示电路的连接关系，开关 S 与灯泡的状态关系如表 1-5 所示。

表 1-5　开关与灯泡的非逻辑状态表

开关 S	灯泡 L
断开	亮
闭合	不亮

开关与灯泡的非逻辑状态表中，开关 S 和灯泡 L 各有两种状态。

（4）非逻辑真值表：对事物的逻辑状态赋值，通常把关注的状态赋值为 1，另一状态赋值为 0。在表 1-5 中，开关的闭合状态用 1 表示（赋值为 1）、断开状态用 0 表示（赋值为 0）。灯泡的亮状态用 1 表示（赋值为 1）、不亮状态用 0 表示（赋值为 0），如表 1-6 所示。

表 1-6 非逻辑真值表

S	L
0	1
1	0

非逻辑真值表表示的逻辑含义如表 1-7 所示。

表 1-7 非逻辑真值表逻辑含义

S	L	逻辑含义
0	1	开关不闭合时灯泡亮
1	0	开关闭合时灯泡不亮

（5）非逻辑表达式：开关在什么状态下灯泡能亮是被关注，所以，按"开关不闭合时灯泡亮"对应的逻辑值关系，写出逻辑表达式：

$$L = \overline{S}\qquad\qquad(1\text{-}2)$$

表示非逻辑运算的方法是在运算对象上方加横线（这个横线就叫非号、反号），S 上方的横线就是对 S 作非逻辑运算符，横线长度一定要覆盖运算对象整体。一条横线表示一次非运算。

等于号"="在逻辑代数中既表示逻辑值相等，又用于表示表达式之间逻辑功能的等效关系。非逻辑表达式 1-2 是按真值表中 S=0 时 L=1 的对应值写出来，可读作"L 等于 S 非"、"L 等于 S 反"、"L 等于 S 的反"。在非逻辑中，函数 L 与变量 S 呈相互否定关系，也就是互反关系，所以，表达式还可以按 S=1 时 L=0 的对应状态写成：

$$\overline{L} = S\qquad\qquad(1\text{-}3)$$

按 L=1 状态写出来的表达式称为逻辑的正函数，按 L=0 状态写出来的表达式称为逻辑的反函数。即表达式 1-3 是表达式 1-2 的反函数。

（6）非逻辑运算法则：

数值运算：

$$\overline{1} = 0$$
$$\overline{0} = 1$$

变量运算：

$$\overline{\overline{A}} = A\quad（还原律）\qquad\qquad(1\text{-}4)$$

两个横线表示两次非运算，是对变量 A 取反、再取反，实现还原。对多层非号的运算要按"由下向上"顺序进行。上式可读作"A 反（下层反号）反（上层反号）等于 A"。

（7）非逻辑的图形符号：常见的非逻辑门符号有三种，如图 1-3 所示。

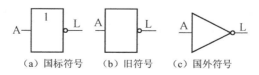

(a) 国标符号   (b) 旧符号   (c) 国外符号

图 1-3 常见的非逻辑门符号

在图 1-3 中，（a）为国标符号，（b）为曾用过的旧符号，（c）为国外资料中通用的符号。对信号具有非逻辑运算功能的电路叫做非逻辑门（简称为非门）。

（8）非逻辑的电压波形图如图 1-4 所示，这是按表 1-6 画出来的非逻辑的理论波形。

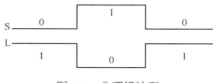

图 1-4　非逻辑波形

非逻辑（取反）在电压波形图中表现为输出信号对输入信号的倒相关系。

2）与逻辑

（1）与逻辑定义：如果一个事件至少由两个条件决定，并且只有全部条件同时具备，事件才能成立（或发生），这样的因果关系称为与逻辑。各条件之间为与逻辑关系，事件是条件的与运算结果。

（2）与逻辑实例：如图 1-5 所示的灯泡 L 与两个开关 A、B 的连接关系，只有开关 A、B 都闭合时，灯泡 L 才能亮，其他状况时灯泡都不能亮。

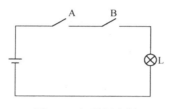

图 1-5　与逻辑实例

（3）与逻辑状态表：把两个开关 A、B 的闭合、断开状态的全部组合与灯泡 L 的亮、不亮状态的对应关系列成表格，即得到状态表，如表 1-8 所示。

表 1-8　开关与灯泡的状态对应关系表

开关 A	开关 B	灯泡 L
断开	断开	不亮
断开	闭合	不亮
闭合	断开	不亮
闭合	闭合	亮

（4）与逻辑真值表：把问题关注的灯泡 L 亮和开关闭合用 1 表示，开关断开和灯泡不亮状态用 0 表示，状态表就转换为真值表，如表 1-9 所示。

表 1-9　与逻辑真值表

A B	L
00	0
01	0
10	0
11	1

与逻辑的规律：输入信号中有 0，输出即为 0；输入全为 1 时输出才为 1。可简称为：有 0 为 0，全 1 为 1。显然，一个输入端的 0 信号可屏蔽其他输入端 1 信号的输出。

真值表表示的逻辑含义如表 1-10 所示。

表 1-10　与逻辑真值表的逻辑含义

A B	L	逻辑含义
00	0	
01	0	有条件不具备，事件就不能成立
10	0	
11	1	只有条件全具备，事件才能成立

（5）与逻辑表达式：按真值表中 L=1 时 A=1、B=1 的对应状态写成表达式：

$$L = A \cdot B \qquad\qquad (1\text{-}5)$$

灯泡 L 亮跟两个开关 A、B 状态的对应关系属于"只有条件全具备时事件才能成立"的与逻辑关系。表达式 1-5 是与逻辑表达式。表达式中的"·"是与逻辑运算符，字母之间及字母跟数码之间的与运算符可以省略。数值之间的与运算符用"∧"表示，以便跟小数点相区别。所以，表达式 1-5 还可写成：

$$L = AB \qquad\qquad (1\text{-}6)$$
$$L = A \wedge B$$

与逻辑，也可称作逻辑与、逻辑乘。表达式 1-5、式 1-6 可读作"L 等于 A 与 B"、"L 等于 A 乘 B"。这里的 L 是 A、B 与运算的结果，A、B 是逻辑变量，L 是逻辑函数。一组变量作与运算叫做一个乘积项。

（6）与逻辑运算法则：

数值运算：

$$0 \wedge 0 = 0$$
$$1 \wedge 0 = 0 \wedge 1 = 0 （交换律）$$
$$1 \wedge 1 = 1$$

变量运算：

$$A \cdot B = B \cdot A （交换律） \qquad\qquad (1\text{-}7)$$
$$A \cdot B \cdot C = A \cdot (B \cdot C) （结合律） \qquad\qquad (1\text{-}8)$$

按照逻辑表达式的运算规则，同类运算由左向右依次进行，超越规则的运算加括号表示。式 1-8 表示多个变量的与运算的运算顺序可随意组合进行，对最终运算结果无影响。表 1-11 是对 1-8 式的证明。

通过真值表中的对应运算证明 1-8 式等号两边的运算是等效的，等式成立。

$$A \cdot A \cdot A = A （重叠律的合并式） \qquad\qquad (1\text{-}9)$$
$$A = A \cdot A \cdot A （重叠律的拆分式） \qquad\qquad (1\text{-}10)$$
$$A \cdot \overline{A} = 0 （互补律） \qquad\qquad (1\text{-}11)$$

表 1-11　证明与运算结合律的真值表

ABC	A·B·C	A·(B·C)
000	0∧0∧0=0∧0=0	0∧(0∧0)=0∧0=0
001	0∧0∧1=0∧1=0	0∧(0∧1)=0∧0=0
010	0∧1∧0=0∧0=0	0∧(1∧0)=0∧0=0
011	0∧1∧1=0∧1=0	0∧(1∧1)=0∧1=0
100	1∧0∧0=0∧0=0	1∧(0∧0)=1∧0=0
101	1∧0∧1=0∧1=0	1∧(0∧1)=1∧0=0
110	1∧1∧0=1∧0=0	1∧(1∧0)=1∧0=0
111	1∧1∧1=1∧1=1	1∧(1∧1)=1∧1=1

变量与数值的运算：

$$A \cdot 1 = A \qquad\qquad (1\text{-}12)$$
$$A \cdot 0 = 0 \qquad\qquad (1\text{-}13)$$

对于公式、法则和定理（或定律）应该给以证明才能使用。对式 1-8（结合律）已经证明，其他式的等效关系简单、直观，无须证明，可直接使用。

（7）与逻辑符号：对信号具有与逻辑运算功能的部件叫做与逻辑门（简称为与门）。常见的与逻辑门符号有三种，如图 1-6 所示。

（a）国标符号　（b）旧符号　（c）国外符号

图 1-6　常见的与逻辑门符号

（8）与逻辑电路的电压波形图：按与逻辑真值表（表 1-10）画出来的与逻辑电路的输入、输出信号波形的对应关系，如图 1-7 所示。

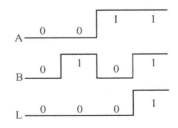

图 1-7　与逻辑电压波形

在实际电路中，输入信号是随机变化的，但输出信号跟输入信号组合的对应关系是遵从与逻辑规律的。

3）或逻辑

（1）或逻辑定义：如果一个事件由两个以上（含两个）条件决定，并且只要有一个或多个条件具备，事件就能成立（或发生），这样的因果关系称为或逻辑。各条件之间为或逻辑关系，事件是条件或逻辑运算的结果。

（2）或逻辑实例：如图 1-8 所示，灯泡 L 与两个开关 A、B 的连接关系，只要开关 A、B 中有一个闭合或都闭合，灯泡 L 就能亮。

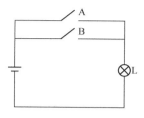

图 1-8　或逻辑实例

（3）或逻辑状态表：把两个开关 A、B 的闭合、断开状态的全部组合与灯泡 L 的亮、不亮状态的对应关系列成表格，即得到状态表，如表 1-12 所示。

表 1-12　灯泡 L 与开关 A、B 的状态对应关系表

开关 A	开关 B	灯泡 L
断开	断开	不亮
断开	闭合	亮
闭合	断开	亮
闭合	闭合	亮

（4）或逻辑真值表：把问题关注的灯泡 L 亮和开关闭合用 1 表示，开关断开和灯泡不亮状态用 0 表示，状态表就转换为真值表，如表 1-13 所示。

表 1-13　或逻辑真值表

A B	L
00	0
01	1
10	1
11	1

或逻辑的规律：输入信号中有 1 输出即为 1，输入全为 0 时输出才为 0。可简称为：有 1 为 1，全 0 为 0。显然，一个输入端的 1 信号可屏蔽其他输入端 0 信号的输出。

或逻辑真值表的逻辑含义如表 1-14 所示。

表 1-14　或逻辑真值表中的逻辑含义

A B	L	逻辑含义
00	0	只有条件全不具备，事件才不能成立
01	1	
10	1	只要有条件具备，事件就能成立
11	1	

（5）或逻辑表达式：灯泡 L 亮跟两个开关 A、B 状态的对应关系属于"只要有条件具备，事件就能成立"的或逻辑关系，按或逻辑定义可写成表达式：

$$L = A + B$$

（1-14）

或逻辑又称作逻辑加，或逻辑运算符用数学加号"+"表示。表达式 1-14 读作"L 等于 A 或 B"、"L 等于 A 加 B"。L 是 A、B 或运算的结果。或逻辑运算符在表达式中不能省略，有时为了跟算术加法相区别，数值间的或运算用"∨"符号表示。

$$1 \lor 0 = 1$$

（6）或逻辑运算法则

数值运算：

$$1 \lor 1 = 1$$
$$1 \lor 0 = 0 \lor 1 = 1 \text{（交换律）}$$
$$0 \lor 0 = 0$$

变量运算：

$$A+B=B+A \text{（交换律）} \tag{1-15}$$
$$A+B+C=A+(B+C) \text{（结合律）} \tag{1-16}$$
$$A+A+A=A \text{（重叠律的合并式）} \tag{1-17}$$
$$A=A+A+A \text{（重叠律的拆分式）} \tag{1-18}$$
$$A + \overline{A} = 1 \text{（互补律）} \tag{1-19}$$

变量与数值的运算：

$$A+1=1 \tag{1-20}$$
$$A+0=A \tag{1-21}$$

读者可对 1-16 式所示的"或运算结合律"给以证明，式 1-15 至式 1-21 中的其他等效关系简单、直观，无须证明，可直接使用。

（7）或逻辑符号：对信号具有或逻辑运算功能的部件叫做或逻辑门（简称为或门）。常见的或逻辑门符号如图 1-9 所示。

（a）国标符号   （b）旧符号   （c）国外符号

图 1-9   常见的或逻辑门符号

（8）或逻辑电路的电压波形图：按或逻辑真值表（表 1-13）画出来的或逻辑电路的输入、输出信号波形的对应关系，如图 1-10 所示。

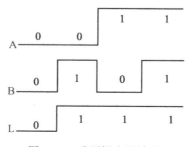

图 1-10   或逻辑电压波形

三、简单而重要的组合逻辑

1. 组合逻辑的构成及特点

如果一个逻辑模块由多个基本逻辑组成，并且输出信号状态仅取决于当时各输入信号取值（即状态）组合，那么这个模块叫做组合逻辑。在结构上，组合逻辑只由各种基本逻辑组成，各路信号只从输入端向输出端传送，不能有任何形式的信号反馈，输入信号对输出信号属于即时性的控制关系（无记忆性）。

2. 逻辑运算顺序

逻辑电路对信号的逻辑处理是由输入端开始，按逻辑器件的连接顺序依次进行，直到输出端为终止。

依照表达式的运算规则，同类运算由左向右依次进行；混合逻辑运算按先非、后与、再或的顺序进行，超越规定顺序的运算要加括号。

3. 重要的逻辑组合

一个基本逻辑就是一个结构最简单的组合逻辑。在实用中，除与、或、非三种最基本逻辑之外，还有几个由最基本逻辑简单复合构成的组合逻辑，并有定型电路产品被广泛应用，因此也被称作基本门电路。

（1）与非逻辑：与非逻辑是与逻辑和非逻辑的复合，复合关系如图 1-11（a）所示。与非逻辑符号如图 1-11（b）、（c）、（d）所示，把非逻辑符号中的方框省略，只保留表示非逻辑的小圆圈。

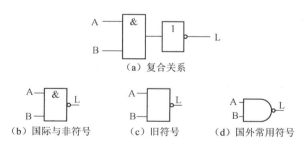

（a）复合关系

（b）国际与非符号　　　（c）旧符号　　　（d）国外常用符号

图 1-11　与非逻辑的复合及逻辑符号

与非逻辑的表达式：

$$Y = \overline{A \bullet B} = \overline{AB} \tag{1-22}$$

表达式 1-22 中的反号应覆盖 A、B 两个字母，表示对 A、B 两个变量的与运算结果取反，而不是对 A、B 两个变量取反，所以，运算时要由下向上、先作与运算、后作非运算。

给一组逻辑运算加反号表示对运算结果取反，要先计算出反号下面各种运算的最终结果再取反。按照逻辑运算顺序规则，三种基本逻辑的排序中非运算最先，然后是与、或，对超越规则的运算要加括号。对运算取反，要先计算出结果再取反，非号下面的运算则先于非运算。非号兼有括号功能，不用给非号下面的运算加括号。

与非逻辑的真值表如表 1-15 所示，为便于读者理解，表中附加了 A、B 作与运算的中间结果。

表 1-15 与非逻辑的真值表

A B	AB	$Y = \overline{AB}$
0 0	0	1
0 1	0	1
1 0	0	1
1 1	1	0

对于与非逻辑的输入、输出之间的取值规律可总结为：有 0 为 1，全 1 为 0。

（2）或非逻辑：或非逻辑是或逻辑和非逻辑的复合，组合关系以及逻辑符号如图 1-12 所示。

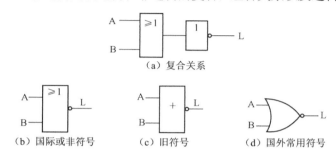

（a）复合关系

（b）国际或非符号　　　　（c）旧符号　　　　（d）国外常用符号

图 1-12 或非逻辑的复合及逻辑符号

或非逻辑的表达式：

$$Y = \overline{A + B} \qquad\qquad (1\text{-}23)$$

表达式 1-23 中的非号要覆盖或运算式整体，表示对 A、B 两个变量的或运算结果取反。运算时要由下向上、先或后非。

或非逻辑的真值表如表 1-16 所示（表中附加了 A、B 相或的中间结果）。

表 1-16 或非逻辑的真值表

A B	A+B	$Y = \overline{A + B}$
0 0	0	1
0 1	1	0
1 0	1	0
1 1	1	0

对于或非逻辑的输入、输出之间的取值规律，可归纳为：有 1 为 0、全 0 为 1。

（3）与或非逻辑：与或非逻辑是与逻辑、或逻辑、非逻辑的复合，组合关系及逻辑符号如图 1-13 所示。

与或非逻辑的表达式：

$$Y = \overline{AB + CD} \qquad\qquad (1\text{-}24)$$

表达式 1-24 中的非号要覆盖整个与或运算的全部内容，表示对 A、B、C、D 四个变量与、或运算的最后结果取反。对于非号下面的与或运算，按照逻辑运算规则应该是先与、后或，即先做两个与运算，再对两个与运算结果做或运算，最后是对或运算结果做非运算。与或非逻辑的真值表如表 1-17 所示。

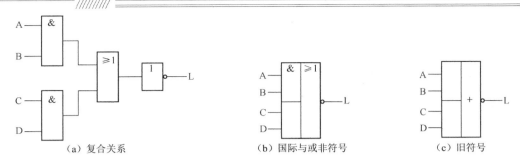

图 1-13　与或非逻辑的复合及逻辑符号

表 1-17　与或非逻辑真值表

ABCD	AB+CD	$Y = \overline{AB + CD}$
0000	0	1
0001	0	1
0010	0	1
0011	1	0
0100	0	1
0101	0	1
0110	0	1
0111	1	0
1000	0	1
1001	0	1
1010	0	1
1011	1	0
1100	1	0
1101	1	0
1110	1	0
1111	1	0

（4）异或逻辑：异或逻辑是一种特殊的复合逻辑，它表示一个只由两个条件决定的事件，而且是当两个条件不同时具备时事件才能成立，两个条件同时具备或同时不具备时事件都不能成立。

异或逻辑的真值表如表 1-18 所示。

表 1-18　异或逻辑的真值表及逻辑含义

A　B	Y	逻辑含义
0　0	0	两个条件同时不具备时事件不能成立
0　1	1	当两个条件不同时具备时事件才能成立
1　0	1	
1　1	0	两个条件同时具备时事件也不能成立

异或逻辑运算规律可归纳为：同为 0、异为 1。

异或逻辑真值表中 Y=1 表示事件成立，是与条件变量的（A=0、B=1）和（A=1、B=0）两组状态相对应的。0 表示条件不具备，1 表示条件具备。异或逻辑的表达式由复合逻辑运算构成：

$$Y = \overline{A}B + A\overline{B} \tag{1-25}$$

表达式由两个条件的异状态（即一原一反）相与、再相或构成。式 1-25 是体现 "先非、后与、再或" 逻辑运算顺序规则的典型实例，要先做两个非运算，再做两个与运算，最后做或运算。

式 1-25 所示的复合逻辑用特定的逻辑运算符 " ⊕ " 表示，定名为 "异或"。异或逻辑的定义表达式为：

$$Y = A \oplus B \tag{1-26}$$

对信号具有异或逻辑运算功能的部件叫做异或逻辑门（简称为异或门）。异或逻辑门的符号及复合构成如图 1-14 所示。

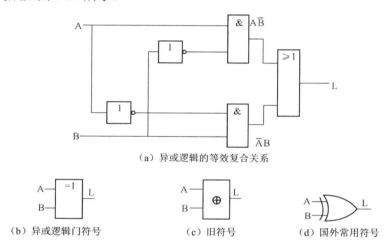

（a）异或逻辑的等效复合关系

（b）异或逻辑门符号   （c）旧符号   （d）国外常用符号

图 1-14 异或逻辑的复合构成及逻辑符号

异或运算符只是一种表示方式，在实际处理含异或运算的逻辑表达式时，经常需要变换为 1-25 式的形式。1-25 式与 1-26 式两个表达式是等效的：

$$A \oplus B = \overline{A}B + A\overline{B} \tag{1-27}$$

异或逻辑在逻辑运算顺序规则中介于与、或之间，即在多种运算混合时，按先非、后与、异或、再或顺序执行。在表达式中，先于与运算的异或和先于异或运算的或运算都要加括号。

异或逻辑的运算法则：

数值运算：

$$0 \oplus 0 = 1 \oplus 1 = 0$$
$$0 \oplus 1 = 1 \oplus 0 = 1 \text{（交换律）}$$

变量运算：

$$A \oplus B = B \oplus A \text{（交换律）} \tag{1-28}$$
$$A \oplus B \oplus C = A \oplus (B \oplus C) \text{（结合律）} \tag{1-29}$$

用真值表对异或运算的结合律给予证明，如表 1-19 所示。

表 1-19　证明异或运算的结合律的真值表

ABC	$A \oplus B \oplus C$	$A \oplus (B \oplus C)$
000	$0 \oplus 0 \oplus 0 = 0 \oplus 0 = 0$	$0 \oplus (0 \oplus 0) = 0 \oplus 0 = 0$
001	$0 \oplus 0 \oplus 1 = 0 \oplus 1 = 1$	$0 \oplus (0 \oplus 1) = 0 \oplus 1 = 1$
010	$0 \oplus 1 \oplus 0 = 1 \oplus 0 = 1$	$0 \oplus (1 \oplus 0) = 0 \oplus 1 = 1$
011	$0 \oplus 1 \oplus 1 = 1 \oplus 1 = 0$	$0 \oplus (1 \oplus 1) = 0 \oplus 0 = 0$
100	$1 \oplus 0 \oplus 0 = 1 \oplus 0 = 1$	$1 \oplus (0 \oplus 0) = 1 \oplus 0 = 1$
101	$1 \oplus 0 \oplus 1 = 1 \oplus 1 = 0$	$1 \oplus (0 \oplus 1) = 1 \oplus 1 = 0$
110	$1 \oplus 1 \oplus 0 = 0 \oplus 0 = 0$	$1 \oplus (1 \oplus 0) = 1 \oplus 1 = 0$
111	$1 \oplus 1 \oplus 1 = 0 \oplus 1 = 1$	$1 \oplus (1 \oplus 1) = 1 \oplus 0 = 1$

可见异或运算的结合律是成立的。

$$A \oplus A = 0 \quad （重叠律） \tag{1-30}$$

$$A \oplus \overline{A} = 1 \quad （互补律） \tag{1-31}$$

变量与数值的运算：

$$A \oplus 1 = \overline{A} \tag{1-32}$$

$$A \oplus 0 = A \tag{1-33}$$

对异或逻辑取反称为异或非。

$$\overline{A \oplus B} = A \oplus \overline{B} = \overline{A} \oplus B \tag{1-34}$$

与非、或非、与或非、异或，以及异或非五种复合逻辑和与、或、非三种基本逻辑一样，是常用的逻辑器件，在数字集成电路中都有定型产品供选用。

第 3 节　逻辑代数基础

逻辑代数是设计、分析数字逻辑电路的数学理论工具，在常用的普通数字电路中只涉及逻辑代数知识的最基础部分。

用不同方式表述同一个逻辑问题，称为表述方式的转换。用不同运算结构的表达式表示同一个逻辑问题，称为表达式的变换。等效转换与等效变换是逻辑代数处理逻辑问题的两个基本手段，与表达式相关的转换和表达式的变换是逻辑代数的主体内容。

一、真值表、最小项、标准与或表达式

1. 最小项和真值表

1）最小项

逻辑代数把包含全部变量（每个变量以原变量或反变量形式只能出现一次）的 "全变量乘积项"，叫做最小项。

在真值表中，全部变量的每一种取值组合对应一个最小项，其中对应 0 值的变量加反号、对应 1 值的变量不加反号。最小项与全部变量的取值组合一一对应，N 个变量的逻辑函数有 2^N 种取值组合，就有 2^N 个最小项。最小项用 m 表示，为便于区分，还要给予编号，编号等于取值组合的二进制数对应的十进制值。

18

表 1-20、表 1-21、表 1-22 分别为二变量、三变量、四变量逻辑函数真值表中变量取值组合与最小项的对应关系。

表 1-20　二变量逻辑的真值表

输入变量的全部取值组合	对应的最小项
AB	m
00	$m_0 = \bar{A}\bar{B}$
01	$m_1 = \bar{A}B$
10	$m_2 = A\bar{B}$
11	$m_3 = AB$

表 1-21　三变量逻辑的真值表

输入变量的全部取值组合	对应的最小项
ABC	m
000	$m_0 = \bar{A}\bar{B}\bar{C}$
001	$m_1 = \bar{A}\bar{B}C$
010	$m_2 = \bar{A}B\bar{C}$
011	$m_3 = \bar{A}BC$
100	$m_4 = A\bar{B}\bar{C}$
101	$m_5 = A\bar{B}C$
110	$m_6 = AB\bar{C}$
111	$m_7 = ABC$

表 1-22　四变量逻辑的真值表

输入变量的全部取值组合	对应的最小项
ABCD	m
0000	$m_0 = \bar{A}\bar{B}\bar{C}\bar{D}$
0001	$m_1 = \bar{A}\bar{B}\bar{C}D$
0010	$m_2 = \bar{A}\bar{B}C\bar{D}$
0011	$m_3 = \bar{A}\bar{B}CD$
0100	$m_4 = \bar{A}B\bar{C}\bar{D}$
0101	$m_5 = \bar{A}B\bar{C}D$
0110	$m_6 = \bar{A}BC\bar{D}$
0111	$m_7 = \bar{A}BCD$
1000	$m_8 = A\bar{B}\bar{C}\bar{D}$
1001	$m_9 = A\bar{B}\bar{C}D$
1010	$m_{10} = A\bar{B}C\bar{D}$
1011	$m_{11} = A\bar{B}CD$
1100	$m_{12} = AB\bar{C}\bar{D}$
1101	$m_{13} = AB\bar{C}D$
1110	$m_{14} = ABC\bar{D}$
1111	$m_{15} = ABCD$

2）标准与或表达式

由最小项相或构成的逻辑表达式叫做"标准与或表达式"，简称"标准与或式"。标准与或表达式的结构具有以下两个特点：

（1）式中只有与、或两种运算和对变量取反的非号，与运算都是最小项，由对应同一种函数值的全部（且无重复的）最小项组成；

（2）式中无括号、无对运算取反的非号，表达式中的运算顺序是先与后或。

一个逻辑的函数表达式可随意变换为多种形式，只有标准与或表达式具有唯一性。

2．由真值表写标准与或式的方法

在介绍基本逻辑时，按真值表写逻辑表达式依据的是基本逻辑定义，不能适用于写一般逻辑的表达式。依据标准与或表达式跟真值表的对应关系和标准与或表达式的唯一性，就可以方便、准确地按真值表写出各种逻辑函数的标准与或表达式，并能确保它们之间的等效性。

在同一个真值表中，由函数取 1 值对应的最小项组成的标准与或式是逻辑正函数（也叫原函数）表达式，由函数取 0 值对应的最小项组成的标准与或式是逻辑反函数表达式。

（1）由真值表写正逻辑函数的标准与或式。

以或逻辑的真值表（见表 1-13）为例，按真值表写表达式的步骤如下：

① 在真值表中找出使函数 L=1 所对应的变量组合及其对应的最小项如表 1-23 所示。

表 1-23　或逻辑真值表及最小项

变量组合	对应的最小项	函数 L 值
A=0、B=0	$\overline{A}\,\overline{B}$	0
A=0、B=1	$\overline{A}B$	1
A=1、B=0	$A\overline{B}$	1
A=1、B=1	AB	1

② 把所有使 L=1 的最小项相或，得到的就是按真值表写出的标准与或表达式：

$$L=\overline{A}B+A\overline{B}+AB \tag{1-35}$$

可用真值表（表 1-24）证明 1-35 式和或逻辑的定义式 1-14 是等效（相等）的。

表 1-24　证明或逻辑的标准与或式与定义式等效真值表

AB	$\overline{A}B+A\overline{B}+AB$	A+B
00	$\overline{0}\wedge0+0\wedge\overline{0}+0\wedge0=0+0+0=0$	0+0=0
01	$\overline{0}\wedge1+0\wedge\overline{1}+0\wedge1=1+0+0=1$	0+1=1
10	$\overline{1}\wedge0+1\wedge\overline{0}+1\wedge0=0+1+0=1$	1+0=1
11	$\overline{1}\wedge1+1\wedge\overline{1}+1\wedge1=0+0+1=1$	1+1=1

通过实际数据运算证明两个表达式是等效的，即

$$\overline{A}B+A\overline{B}+AB=A+B$$

在本节后文的"表达式化简"内容中还将通过表达式化简说明 1-14 式是 1-35 式的最简式。前文介绍的七种逻辑中，非逻辑、与逻辑和异或逻辑的定义式就是标准与或式，或逻辑的标准与或式和定义式的等效关系在此已经证明，另三种逻辑的证明、化简留给读者。

（2）由真值表写反逻辑函数的标准与或式。

把 L=0 的所有最小项相或，构成反函数的标准与或表达式。

表 1-16 的真值表中还有一组使 L=0 的组合：A=0、B=0，写成乘积项是

$$\overline{A}\,\overline{B}$$

是 A+B 的反函数。

$$\overline{L} = \overline{A}\,\overline{B}$$

给正函数的表达式整体加反号也表示反函数：

$$\overline{L} = \overline{A+B}$$

所以，

$$\overline{A+B} = \overline{A}\,\overline{B}$$

在下文介绍"摩根定理"的内容中读者还会见到这个等式并领略它的重要性。

（3）标准与或式都可用最小项求和的编号形式表示：

$$F = \sum m^i(0,1,2,\cdots) \tag{1-36}$$

表达式中：Σ表示求和（即或运算），m^i 表示逻辑函数的最小项含 i 个变量，括号中的数字表示最小项的编号。如：

$$L = \overline{A}B + A\overline{B} + AB$$

可以表示为：

$$L = \sum m^2(1,2,3)$$

（4）逻辑的正、反函数成互补关系。正、反函数式相或合并，就是一个逻辑的全部最小项相或，其结果恒等于 1。用表达式表示为：

$$Y + \overline{Y} = 1 \tag{1-37}$$

逻辑函数若有不可能出现或不允许出现的变量组合，这些变量组合对应的最小项叫做约束项（或无关项）。把所有约束项相或组成约束函数的标准与或表达式，用于表示逻辑的约束条件。在真值表和后文的卡诺图中，约束项通常用φ或×表示，用φ表示约束函数。

$$Y + \overline{Y} + \varphi = 1 \tag{1-38}$$

约束项对正、反函数都无影响，约束项的重要应用是参与正、反函数表达式化简（见后文表达式的图形化简法部分）。

二、摩根定理和括号变换法则

逻辑表达式的等效变换有繁简变换和运算结构变换两种类型。表达式的繁简等效变换由与、或运算法则保证，表达式的运算结构等效变换要参照摩根定理进行。在表达式等效变换的步骤中经常涉及括号的用与不用，以保证变换的等效性。

1. 德·摩根定理

德·摩根定理（简称摩根定理）是揭示与、或两种基本逻辑之间的等效变换关系，专门

用于处理反号的定理。两个变量的摩根定理表达式形式：

$$\overline{A+B} = \overline{A} \cdot \overline{B} \qquad\qquad (1-39)$$

$$\overline{A \cdot B} = \overline{A} + \overline{B} \qquad\qquad (1-40)$$

1-39 式表示"两个变量相或后取反，和两个变量取反后相与等效"。这个等效关系在或逻辑真值表（表 1-25）中表现为正、反函数关系。

表 1-25　或逻辑真值表中的正、反函数

AB	Y	正、反函数式
00	0	$\overline{Y} = \overline{A} \cdot \overline{B}$ （负与）
01	1	
10	1	Y=A+B（正或）
11	1	

按函数值 1、0 定名函数的正、反，按变量正、反定名逻辑正、负。但此处不讨论负逻辑，第 3 章内容将涉及负逻辑的使用。

Y=1 对应或逻辑的正函数：

$$Y=A+B$$

Y=0 则对应或运算的反函数：

$$\overline{Y} = \overline{A} \cdot \overline{B}$$

正函数表达式取反和反函数表达式等效：

$$\overline{A+B} = \overline{A} \cdot \overline{B}$$

同样，1-40 式表示"两个变量相与再取反，和两个变量取反后相或等效"，从与逻辑的真值表（表 1-26）中表现为正、反函数关系。

表 1-26　与逻辑真值表中的正、反函数

AB	Y	正、反函数式
00	0	
01	0	$\overline{Y} = \overline{A} + \overline{B}$ （负或）
10	0	
11	1	Y=A · B（正与）

Y=1 对应与逻辑的正函数：

$$Y=A \cdot B$$

Y=0 则对应与运算的反函数：

$$\overline{Y} = \overline{A} + \overline{B}$$

就是

$$\overline{A \cdot B} = \overline{A} + \overline{B}$$

摩根定理还适用于更多变量的与、或变换，如：

$$\overline{A + B + C} = \overline{A} \cdot \overline{B} \cdot \overline{C} \tag{1-41}$$

$$\overline{A \cdot B \cdot C} = \overline{A} + \overline{B} + \overline{C} \tag{1-42}$$

2. 括号变换法则

和普通数学一样，逻辑表达式中超越规则的运算也用加括号方式表示。在表达式的变换中加括号和去括号（也叫展开括号）的目的是保证变换的等效性。

（1）在与、或的混合运算中，不同乘积项中的相同变量也称作公因子，相同的运算单元称作公因式。提取公因子（或公因式）的表达式变换要加括号，如：

$$AB + AC = A(B + C) \tag{1-43}$$

提取公因子（或公因式）的逆变换是展开括号，如：

$$A(B + C) = AB + AC \tag{1-44}$$

这两个表达式变换在普通数学中已是常识，在逻辑变换中的等效性是否成立，是需要给予证明的。表 1-27 是证明 $AB + AC$ 与 $A(B + C)$ 是否相等的真值表。

表 1-27　证明等式的真值表

ABC	AB + AC	A(B + C)
000	0∧0+0∧0=0	0∧（0+0）=0
001	0∧0+0∧1=0	0∧（0+1）=0
010	0∧1+0∧0=0	0∧（1+0）=0
011	0∧1+0∧1=0	0∧（1+1）=0
100	1∧0+1∧0=0	1∧（0+0）=0
101	1∧0+1∧1=1	1∧（0+1）=1
110	1∧1+1∧0=1	1∧（1+0）=1
111	1∧1+1∧1=1	1∧（1+1）=1

通过真值表证明：

$$AB + AC = A(B + C)$$

成立。

经过证明的表达式等效变换可以作为公式使用。

（2）在与和异或的混合运算中，经过证明，也有同样的等效变换。

提取公因子：

$$AB \oplus AC = A(B \oplus C) \tag{1-45}$$

展开括号：

$$A(B \oplus C) = AB \oplus AC \tag{1-46}$$

（3）异或和或运算之间要严格按异或运算变换为与或复合运算处理：

$$A \oplus (B+C) = \overline{A}(B+C) + A\overline{B+C} \tag{1-47}$$

（4）用摩根定理变换表达式运算类型，有时要加括号，以维持表达式原来运算顺序，保证变换的等效性。如：

$$Y = \overline{ABC} = (A + \overline{B}) C$$

可用真值表检验表达式的等效关系，如表 1-28 所示。

表 1-28　检验变换等效性真值表

ABC	$\overline{ABC}$	$(A + \overline{B}) C$	$A + \overline{B}C$
000	$\overline{0} \wedge 0 \wedge 0 = 0$	$(0 + \overline{0}) \wedge 0 = 0$	$0 + \overline{0} \wedge 0 = 0$
001	$\overline{0} \wedge 0 \wedge 1 = 1$	$(0 + \overline{0}) \wedge 1 = 1$	$0 + \overline{0} \wedge 1 = 1$
010	$\overline{0} \wedge 1 \wedge 0 = 0$	$(0 + \overline{1}) \wedge 0 = 0$	$0 + \overline{1} \wedge 0 = 0$
011	$\overline{0} \wedge 1 \wedge 1 = 0$	$(0 + \overline{1}) \wedge 1 = 0$	$0 + \overline{1} \wedge 1 = 0$
100	$\overline{1} \wedge 0 \wedge 0 = 0$	$(1 + \overline{0}) \wedge 0 = 0$	$1 + \overline{0} \wedge 0 = 0$
101	$\overline{1} \wedge 0 \wedge 1 = 1$	$(1 + \overline{0}) \wedge 1 = 1$	$1 + \overline{0} \wedge 1 = 1$
110	$\overline{1} \wedge 1 \wedge 0 = 0$	$(1 + \overline{1}) \wedge 0 = 0$	$1 + \overline{1} \wedge 0 = 0$
111	$\overline{1} \wedge 1 \wedge 1 = 1$	$(1 + \overline{1}) \wedge 1 = 1$	$1 + \overline{1} \wedge 1 = 1$

通过真值表的实际运算证明，与非运算变换为或运算后加括号能保证等效，而不加括号的变换就不能等效（有两组变量运算后的函数值与原式不等）。

三、逻辑表述方式之间的转换

1．按表达式做真值表

按表达式做真值表有计算法和最小项法两种常用方法。

（1）计算法：将变量的各组取值分别代入表达式进行计算，把计算得到的函数值填入真值表的表格，就完成了逻辑函数真值表的制作，如表 1-29 所示。

表 1-29　$Y = A(B + C)$ 的计算表

ABC	$Y = A(B + C)$
000	$0 \wedge (0+0) = 0$
001	$0 \wedge (0+1) = 0$
010	$0 \wedge (1+0) = 0$
011	$0 \wedge (1+1) = 0$
100	$1 \wedge (0+0) = 0$
101	$1 \wedge (0+1) = 1$
110	$1 \wedge (1+0) = 1$
111	$1 \wedge (1+1) = 1$

（2）最小项法：依据标准与或表达式跟真值表的对应关系，只要能得到逻辑函数的标准与或表达式，就可以做出逻辑函数的真值表，而任何形式的逻辑表达式都能变换为标准与或表达式。

【例 1-3】 $Y = A(B + C)$

$$= AB + AC$$

$$= AB(C + \overline{C}) + AC(B + \overline{B})$$

$$= ABC + AB\overline{C} + ABC + A\overline{B}C$$

$$= ABC + AB\overline{C} + A\overline{B}C$$

依据标准与或表达式中的最小项，按原变量对应 1、反变量对应 0 的关系，可确定使函数取 1 值的变量组合（如表 1-30 所示）：

表 1-30　最小项与取值组合的对应关系

最小项	ABC 取值组合
ABC	111
$AB\overline{C}$	110
$A\overline{B}C$	101

设计真值表，函数有 3 个变量 A、B、C，全部变量的组合数为 $2^3 = 8$ 种（N 个变量的全部组合为 2^N）。在变量取值组合对应的函数值位置填写 1，其他位置填写 0。做出的真值表如表 1-31 所示。

表 1-31　$Y = A(B + C)$ 真值表

ABC	Y
000	0
001	0
010	0
011	0
100	0
101	1
110	1
111	1

用计算法做真值表有时比变换标准与或式的方法简单。

2. 表达式与逻辑图之间的转换

表达式中的运算符就是逻辑图中的逻辑符号，也是逻辑电路中的逻辑门。表达式中的逻辑运算顺序就是各逻辑门电路（逻辑符号）之间的连接关系。

表达式是逻辑图（逻辑电路）的数学表示形式，结构一致的逻辑电路与逻辑表达式具有相互转换的等效关系。

处理逻辑表达式与逻辑图之间的转换时常需要对表达式按运算顺序做分层，表达式的等效分层由代入法则予以保证。

1）代入法则

借助代入法则可将表达式进行分层处理，以确定逻辑表达式中包含的各种运算及运算顺序。依据代入法则，在逻辑表达式中，任何变量都可视为一个函数，任何一个或一组运算都可用一个新变量代换。如：

$$Y=AB+CD$$

若：

$$D=MN+L$$

表达式则是

$$Y=AB+C（MN+L）$$

如果设：

$$F=AB$$

表达式又变换为

$$Y=F+C（MN+L）$$

代入法则所允许的代换对表达式的逻辑本质没有任何影响。

2）按表达式画逻辑图

（1）按表达式画逻辑图的步骤。

① 确定变量个数，即逻辑图的输入信号的个数。

② 借助代入法则对表达式的运算给以分层，直到变量为止，确定各层运算的逻辑符号类型。分层顺序：一般运算按或、异或、与、非、括号排序，多层的非运算按由上向下顺序逐层确认。

③ 确定运算顺序，即逻辑图中逻辑符号的连接关系，画出逻辑图。

【例 1-4】画出表达式

$$L = (A+\overline{B})\cdot C \oplus D + B\cdot\overline{C}\cdot D + \overline{A\cdot D} \tag{1-48}$$

的逻辑图。

表达式中的变量：A、B、C、D，共 4 个。

对表达式的运算分层，直到变量为止，确定各层运算需使用的逻辑符号。

第 1 层：

$$L = X_1 + X_2 + X_3$$

是 3 个输入信号的或运算（用三输入端的或门），其中 $X_2 = B\cdot\overline{C}\cdot D$（是 3 输入端的与门，C 信号要先经过非门），$X_3 = \overline{A\cdot D}$（是 2 输入与非门），而 $X_1 = (A+\overline{B})\cdot C \oplus D$ 还需要继续分层确定。

第 2 层：

$$L = X_1 + X_2 + X_3$$
$$= Y \oplus D + B\cdot\overline{C}\cdot D + \overline{A\cdot D}$$

Y 和 D 之间的运算用到一个异或门，而 Y 还需再分层。

第 3 层：

$$L = X_1 + X_2 + X_3$$

$$= Y \oplus D + B \cdot \overline{C} \cdot D + \overline{A \cdot D}$$
$$= Z \cdot C \oplus D + B \cdot \overline{C} \cdot D + \overline{A \cdot D}$$

其中，Z 和 C 的运算用一个 2 输入与门。

第 4 层：

$$L = X_1 + X_2 + X_3$$
$$= Y \oplus D + B \cdot \overline{C} \cdot D + \overline{A \cdot D}$$
$$= Z \cdot C \oplus D + B \cdot \overline{C} \cdot D + \overline{A \cdot D}$$
$$= (A + \overline{B}) \cdot C \oplus D + B \cdot \overline{C} \cdot D + \overline{A \cdot D}$$

A、B 之间的运算是 2 输入或门，其中 B 信号要先经过一个非门。

最后，按表达式分层的逆顺序，用分析出的逻辑符号画出逻辑图，如图 1-15 所示。

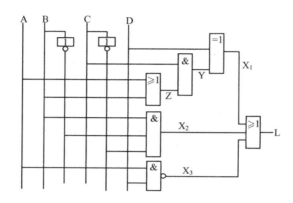

图 1-15　和表达式 1-48 结构对应的逻辑图

（2）按逻辑器件变换表达式的运算结构。

表达式中的运算类型以及运算顺序是跟逻辑图的结构相对应的，不同的逻辑器件对应不同的逻辑运算符号。按指定的逻辑器件去设计逻辑电路，首先要通过变换得出相应运算结构的表达式。摩根定理可以随时应用于表达式任何部位的与、或、非变换，是随意变换表达式运算结构的方便工具。

在逻辑代数中常按运算类型（对应逻辑器件）和顺序给表达式命名，例如：与或式、或与式、与或非式、与非-与非式，等等。

【例 1-5】下面是一个逻辑函数表达式的 4 种结构：

$$Y = \overline{A}B + C\overline{D} \quad （与或式）$$
$$= \overline{\overline{\overline{A}B} \cdot \overline{C\overline{D}}} \quad （与非-与非式）$$
$$= \overline{\overline{A + \overline{B}} + \overline{\overline{C} + D}} \quad （或非-或非式）$$
$$= \overline{A}B + \overline{\overline{C} + D} \quad （混合式）$$

和上述 4 种表达式结构对应的逻辑图如图 1-16 所示。

由于一片数字集成电路内含多个同类逻辑门，为充分利用电路资源，在实际制作电路时，通常选用同种逻辑器件构成，如与非门构成"与非-与非"结构、或非门构成的"或非-或非"结构，把与非门、或非门的输入端并联，都可构成非门。

3）按逻辑图写表达式的方法

按逻辑图写表达式有两种方法，一种是从逻辑图的输入端入手，另一种是从逻辑图的输出端入手。

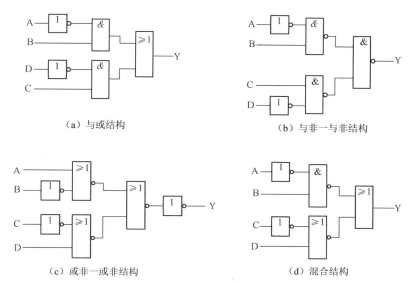

（a）与或结构　　　　　　　　　　　　　　　（b）与非－与非结构

（c）或非－或非结构　　　　　　　　　　　　（d）混合结构

图 1-16　例 1-5 的 4 种逻辑图

（1）由电路的输入端入手写表达式的方法。

由电路的输入端写逻辑表达式时，是从电路的输入端开始依次在各逻辑门的输出端写出各逻辑门的输出结果，当写到电路的输出端时，完整的逻辑表达式也就写出来了。

【例 1-6】图 1-17 所示就是这种方法。

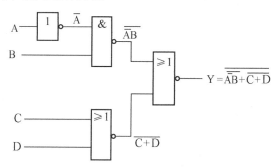

图 1-17　由逻辑图输入端入手写表达式的方法

写出的表达式：

$$F = \overline{\overline{\overline{AB} + \overline{C+D}}}$$

（2）由电路输出端入手写表达式的方法。

由电路的输出端入手写逻辑表达式时，先给电路中的各逻辑门的输入信号赋予一个临时代号，再从输出端入手依次把各个逻辑门表示的逻辑运算关系逐层代入，一直推写到输入端，就可写出完整的表达式。

【例 1-7】图 1-18 所示就是这种方法。

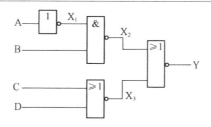

图 1-18　由逻辑图输出端入手写表达式的方法

写出的表达式：

$$Y = \overline{X_2 + X_3} = \overline{\overline{X_1B} + \overline{C + D}} = \overline{\overline{\overline{AB}} + \overline{C + D}}$$

四、表达式化简

1. 表达式化简的意义及最简标准

数字逻辑电路是按照表达式的运算结构连接成的，而一种逻辑功能可以有多种结构的表达式。化简结构是表达式变换的重要内容。

【例 1-8】由真值表写出的或运算表达式：

$$M_1 = \overline{A}B + A\overline{B} + AB$$

由或运算定义写出的表达式：

$$M_2 = A + B$$

两个表达式对应的逻辑图如图 1-19 所示。

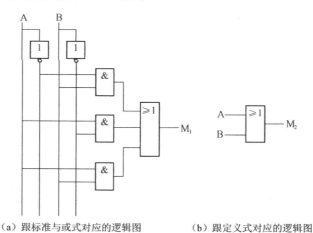

（a）跟标准与或式对应的逻辑图　　　（b）跟定义式对应的逻辑图

图 1-19　或逻辑的两种表达式对应的逻辑图

前文已证明两个表达式的逻辑功能是等效的，选择结构简单的表达式制作电路，可以提高电路运行的可靠性和降低制作成本。因此，表达式化简是逻辑电路设计过程中不可忽视的环节。

把结构复杂的表达式变换为结构最简单的表达式叫做表达式化简，也叫逻辑函数化简。表达式化简要在与或表达式下进行，得到最简与或式，再通过摩根定理变换获得其他结构的最简式。

与或表达式的最简标准是：乘积项个数最少，而且每个乘积项中的变量数最少。

2. 表达式化简方法

表达式化简要利用与或式结构进行操作。不是与或结构的表达式，要应用摩根定理变换为与或式。表达式化简常用方法有公式法和图形法两种。

公式法是利用与、或运算法则和等效变换公式进行化简。

结构简单的与或式化简可利用与、或运算法则 $A\overline{A}=0$ 、 $1+A=1$ 等做公式法化简，减少乘积项及乘积项中变量个数，获得与或表达式的最简结构。

【例 1-9】 利用 $A\overline{A}=0$ 的化简：

$$A(\overline{A}+B)=A\overline{A}+AB=0+AB=AB$$

【例 1-10】 利用 $1+A=1$ 的化简：

$$B+AB=B(1+A)=B$$

对于结构较为复杂的与或式，要利用“ $A+\overline{A}=1$ ”消除变量，进行化简。

【例 1-11】 利用 $A+\overline{A}=1$ 化简：

$$AB+\overline{A}B=B(A+\overline{A})=B\wedge 1=B$$

逻辑代数把“只有 1 个变量互补、其他因子相同的两个乘积项”称为逻辑相邻项（简称为相邻项）。一对相邻项相或，可消去其中的互补变量，合并为一个新的乘积项。通过多次相邻项结组、消除变量，直到无变量可消时，表达式就可能达到最简。这是公式法化简的本质原理，以卡诺图为工具实施这种化简的方法就是图形法。

卡诺图是由真值表衍变成的方格图，本质还是真值表。图 1-20 所示分别为 2 变量卡诺图、3 变量卡诺图和 4 变量卡诺图，是由表 1-20、表 1-21、表 1-22 所示真值表变换结构方式而成。

A \ B	0	1
0	m_0 $\overline{A}\overline{B}$	m_1 $\overline{A}B$
1	m_2 $A\overline{B}$	m_3 AB

（a）2 变量卡诺图

A \ BC	00	01	11	10
0	m_0 $\overline{A}\overline{B}\overline{C}$	m_1 $\overline{A}\overline{B}C$	m_3 $\overline{A}BC$	m_2 $\overline{A}B\overline{C}$
1	m_4 $A\overline{B}\overline{C}$	m_5 $A\overline{B}C$	m_7 ABC	m_6 $AB\overline{C}$

（b）3 变量卡诺图

AB \ CD	00	01	11	10
00	m_0 $\overline{A}\overline{B}\overline{C}\overline{D}$	m_1 $\overline{A}\overline{B}\overline{C}D$	m_3 $\overline{A}\overline{B}CD$	m_2 $\overline{A}\overline{B}C\overline{D}$
01	m_4 $\overline{A}B\overline{C}\overline{D}$	m_5 $\overline{A}B\overline{C}D$	m_7 $\overline{A}BCD$	m_6 $\overline{A}BC\overline{D}$
11	m_{12} $AB\overline{C}\overline{D}$	m_{13} $AB\overline{C}D$	m_{15} $ABCD$	m_{14} $ABC\overline{D}$
10	m_8 $A\overline{B}\overline{C}\overline{D}$	m_9 $A\overline{B}\overline{C}D$	m_{11} $A\overline{B}CD$	m_{10} $A\overline{B}C\overline{D}$

（c）4 变量卡诺图

图 1-20　2、3、4 个变量的卡诺图

卡诺图和真值表一样，跟标准与或表达式有严格的对应关系。卡诺图中的方格，既对应全部变量的各取值组合及函数值，又对应最小项。卡诺图的特殊结构使所有相邻的最小项都处于相邻位置，把各最小项的可化简关系直观地显示出来。卡诺图化简法常用在不多于 5 个变量的逻辑函数的化简（本书未用 5 变量卡诺图）。

制作一个逻辑函数的卡诺图，可依据函数的标准与或式直接填制。为使卡诺图内容简洁，习惯上只填一种函数值，有约束项的再用 ϕ 或 $\times$ 标出约束项的位置。不是标准与或式的要先变换为标准与或式，再填制卡诺图，也可由一般与或式按“倒化简法”直接填卡诺图。

【例 1-12】 制作函数 $Y=\overline{A}\overline{B}\overline{C}+\overline{A}B\overline{C}+A\overline{B}\overline{C}+A\overline{B}C+AB\overline{C}$ 的卡诺图。

这个函数表达式已经是含有 3 个逻辑变量的标准与或式（没有约束项），可按其中包含

的最小项直接填制卡诺图。具体步骤如下：

第 1 步，画出 3 个变量的空白卡诺图。

第 2 步，按表达式：$Y=\overline{A}\,\overline{B}\,\overline{C}+\overline{A}B\overline{C}+A\overline{B}\,\overline{C}+A\overline{B}C+AB\overline{C}$

$$=m_0+m_2+m_4+m_5+m_6$$

在卡诺图的相应空格中填写 1。得到的卡诺图如图 1-21 所示。

A \ BC	00	01	11	10
0	1			1
1	1	1		1

图 1-21 例 1-12 的卡诺图

用卡诺图化简，首先要制作出卡诺图。卡诺图跟真值表一样，是与函数的标准与或表达式相对应的，制作卡诺图之前通常将函数表达式变换为标准与或式。

【例 1-13】 制作函数 $Y=(\overline{A}+B)(A+\overline{C})$ 的卡诺图。

第 1 步，先将函数表达式转换为标准与或式：

$$\begin{aligned}Y&=(\overline{A}+B)(A+\overline{C})\\&=\overline{A}A+AB+\overline{A}\,\overline{C}+B\overline{C}\\&=AB(C+\overline{C})+\overline{A}\,\overline{C}(B+\overline{B})+B\overline{C}(A+\overline{A})\\&=ABC+AB\overline{C}+\overline{A}B\overline{C}+\overline{A}\,\overline{B}\,\overline{C}+AB\overline{C}+\overline{A}B\overline{C}\\&=\overline{A}\,\overline{B}\,\overline{C}+\overline{A}B\overline{C}+AB\overline{C}+ABC\end{aligned}$$

第 2 步，画出 3 个变量的空白卡诺图，然后在 4 个最小项所在的方格中填入 1，如图 1-22 所示。

A \ BC	00	01	11	10
0	1			1
1			1	1

图 1-22 例 1-13 的卡诺图

填制卡诺图也可以用一般与或式，称为倒化简法。

【例 1-14】 制作函数 $Y=AD+A\overline{C}\,\overline{D}+\overline{A}CD+BCD$ 的卡诺图。

先按表达式中变量个数画出 4 个变量的空白卡诺图，再在图中找出含有表达式中各乘积项为因子的最小项对应的方格，并填入 1，如图 1-23 所示。

AB \ CD	00	01	11	10
00			1	
01			1	
11	1	1	1	
10	1	1	1	

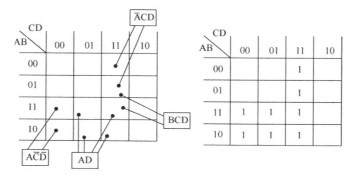

图 1-23 例 1-14 的卡诺图

用公式法对一般结构的与或式化简时，为明确各乘积项之间的结组合并关系，需要将其变换为标准与或式，再结组化简。如：

$$AB+\overline{A}C+BC$$
$$=AB(C+\overline{C})+\overline{A}C(B+\overline{B})+BC(A+\overline{A})$$
$$=ABC+AB\overline{C}+\overline{A}BC+\overline{A}\overline{B}C+ABC+\overline{A}BC$$
$$=(ABC+AB\overline{C})+(\overline{A}BC+\overline{A}\overline{B}C)$$
$$=AB(C+\overline{C})+\overline{A}C(B+\overline{B})$$
$$=AB+\overline{A}C$$

若用图形化简，只是在卡诺图上画两个圈（称为圈项），就能得到函数化简后的最简与或表达式，既直观又简单，如图 1-24 所示。

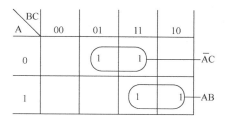

图 1-24　$AB+\overline{A}C+BC$ 的卡诺图化简

用卡诺图圈项化简，被圈的必须是 2 整数幂的同值方格。两（2^1）个相邻最小项相或，可消去其中的互反变量，合并为一个乘积项，如图 1-25 所示。

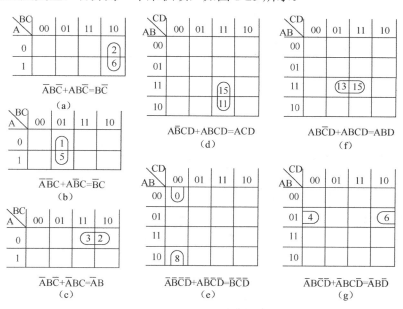

图 1-25　两个相邻项合并的类型

4（2^2）个有相邻最小项相或，可消去其中的互反变量，合并为一个乘积项，如图 1-26 所示。

（a）$\bar{A}B\bar{C}+\bar{A}BC+AB\bar{C}+ABC=B$

（b）$\bar{A}\bar{B}\bar{C}+\bar{A}\bar{B}C+A\bar{B}\bar{C}+A\bar{B}C=\bar{B}$

（c）$\bar{A}\bar{B}\bar{C}+\bar{A}B\bar{C}+A\bar{B}\bar{C}+AB\bar{C}=\bar{C}$

（d）$A\bar{B}\bar{C}D+A\bar{B}CD+AB\bar{C}D+ABCD=AD$

（e）$\bar{A}B\bar{C}\bar{D}+\bar{A}B\bar{C}D+\bar{A}BCD+\bar{A}BC\bar{D}=\bar{A}B$

（f）$\bar{A}B\bar{C}\bar{D}+\bar{A}BC\bar{D}+AB\bar{C}\bar{D}+ABC\bar{D}=B\bar{D}$

（g）$\bar{A}\bar{B}\bar{C}\bar{D}+\bar{A}\bar{B}C\bar{D}+A\bar{B}\bar{C}\bar{D}+A\bar{B}C\bar{D}=\bar{B}\bar{D}$

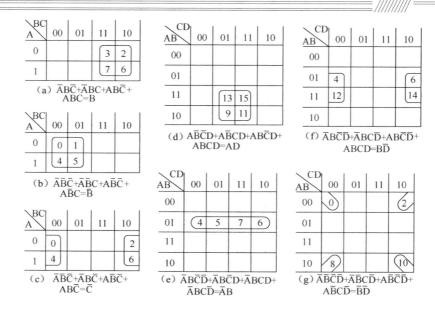

图 1-26　4 个相邻项合并的类型

8（2^3）个有相邻最小项相或，可消去其中的 3 个互反变量，合并为一个乘积项，如图 1-27 所示。

（a）B　（b）$\bar{B}$　（c）$\bar{D}$　（d）$\bar{C}$

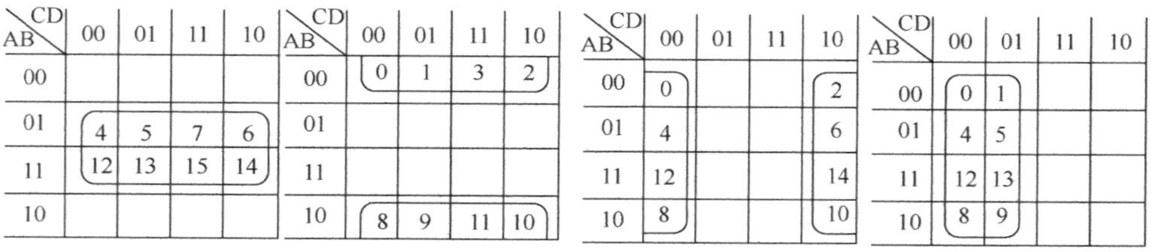

图 1-27　8 个相邻项合并的类型

用卡诺图化简表达式的步骤：

① 将表达式变换为标准与或式，做出逻辑函数的卡诺图；

② 在图中画出圈项线，并写出每个圈项的合并结果；

③ 将各圈项得到的新乘积项相加，写出化简后的与或表达式。

一个逻辑函数含几个变量，它的每个最小项就有几个相邻项。在化简时，一个最小项可参与多组合并，或运算的重叠律 $A=A+A$ 说明一项多用是合法的。

【例 1-15】或运算标准与或式的化简：

$$
\begin{aligned}
L &= \bar{A}B + A\bar{B} + AB \\
&= \bar{A}B + A\bar{B} + AB + AB \\
&= (A\bar{B} + AB) + (\bar{A}B + AB) \\
&= A(\bar{B} + B) + B(\bar{A} + A) \\
&= A \cdot 1 + B \cdot 1 \\
&= A + B
\end{aligned}
$$

　　或运算的重叠律在图形法化简中的做法就是一个最小项可参与多个圈项合并的化简方法，目的在于使化简一次达到最简。上式的图形化简如图 1-28 所示。

　　图形化简的圈项合并时要遵循"能大不小"的原则，充分利用或运算的重叠律，使圈项范围达到最大，可确保化简能一次达到最简的结果。

　　【例 1-16】用卡诺图化简 $F = \overline{A}BC + A\overline{B}C + AB\overline{C} + ABC$，如图 1-29 所示。

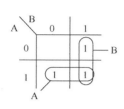

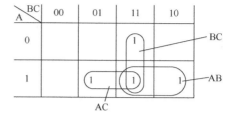

图 1-28　或运算标准与或式的化简　　　　　　　　图 1-29　例 1-16 的卡诺图

　　化简结果：$F = AB + BC + AC$

　　"能大不小"的规则不是绝对的，要因题而异。

　　【例 1-17】化简特例如图 1-30 所示。

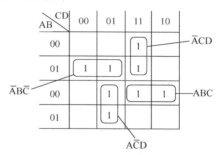

图 1-30　不能大范围圈项的特例

　　对于具有约束项或无关项的函数，可借助约束项（或无关项）把表达式化简得更为简单。

　　【例 1-18】利用约束项化简，函数 $F = \sum m^4(2,3,4,5,6,7,11,14)$ 的约束项条件是：$\varphi = \sum m^4(9,10,13,15)$。

　　化简如图 1-31 所示。

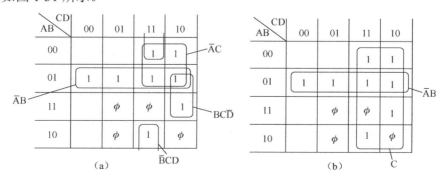

图 1-31　例 1-18 的卡诺图

　　（a）为不考虑约束条件的化简结果：$\overline{A}C + \overline{A}B + BC\overline{D} + \overline{B}CD$

（b）为利用约束条件的化简结果：$\overline{AB}+C$

图 1-32 所示为三例未达最简的化简圈项以及正确圈项方法对照。

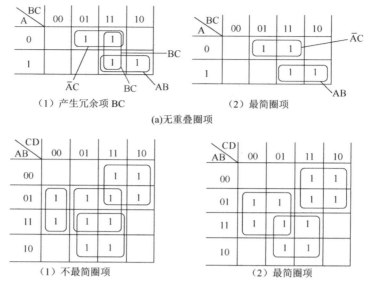

（1）产生冗余项 BC　　　　　　　（2）最简圈项

(a)无重叠圈项

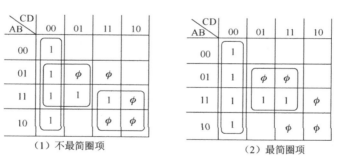

（1）不最简圈项　　　　　　　（2）最简圈项

（b）重叠圈项

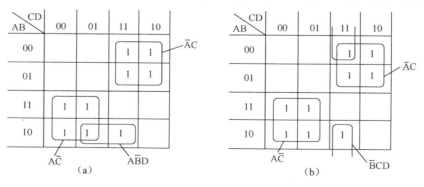

（1）不最简圈项　　　　　　　（2）最简圈项

（C）含约束项化简

图 1-32　不最简的圈项及对照

在可以化简的逻辑函数中，有一部分函数的最简结果不是唯一的，如图 1-33 所示。

图 1-33　最简结果不是唯一的化简实例

利用反函数化简也是图形法化简的常用手段。

【例 1-19】 用卡诺图推证摩根定理。

设 $F=AB$，则 $\overline{F} = \overline{AB} = \overline{A}\,\overline{B} + \overline{A}B + A\overline{B}$

用卡诺图对 $\overline{F}$ 化简，如图 1-34 所示。

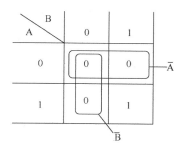

图 1-34　利用反函数的化简

所以 $\overline{F} = \overline{A} + \overline{B}$，即 $\overline{AB} = \overline{A} + \overline{B}$

在实用中，电路的主体结构通常用特定功能的数字集成电路构成，需要制作者设计的只是一些较简单的辅助性电路，以解决各集成电路芯片之间的信号匹配问题，公式法和图形法的化简手段是很适用的。

 本章小结

（1）本章内容是学习数字电路的理论工具。

（2）二进制只用 0 与 1 两个数码。二进制代码是数字系统信息的基本表示方式，它既可表示具体数值，又可表示各种事物的状态。

（3）与、或、非是最基本的逻辑运算，与非、或非、与或非、异或和异或非是常用的简单复合运算。

（4）表述方式的等效转换和表达式的等效变换是逻辑代数处理逻辑问题的两种手段。真值表、表达式、逻辑图是表述逻辑函数关系的 3 种基本方法，在逻辑电路的设计、分析过程中各有不同的作用。

（5）表达式有繁简变换和运算结构变换两种类型，与表达式相关的转换和变换是设计、分析逻辑问题的重要环节。

 习题 1

1.1　写出图 1-35 所示 3 输入端与非门、或非门的真值表。

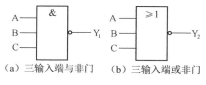

（a）三输入端与非门　　　（b）三输入端或非门

图 1-35　题 1.1 图

1.2　写出图 1-36 所示逻辑图的表达式和真值表。

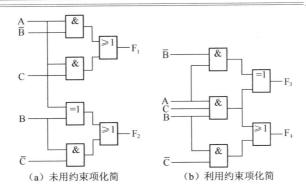

（a）未用约束项化简   （b）利用约束项化简

图 1-36   题 1.2 图

1.3   画出下列表达式所对应的逻辑图。

（1）$Y_1 = AB + BC + AC$

（2）$Y_2 = (\overline{A} + B)(A + \overline{B})C + \overline{B}C$

（3）$Y_3 = \overline{AB\overline{C} + A\overline{B}C + \overline{A}BC}$

（4）$Y4 = \overline{A\overline{B}\overline{C} + AB + BC + \overline{A}B}$

1.4   用与非门实现下列函数，并画出逻辑图。

（1）$Y_1 = A\overline{B} + B\overline{C} + \overline{A}C$

（2）$Y_2 = A\overline{B}C + B\overline{C}$

1.5   用真值表证明下列等式。

（1）$\overline{A\overline{B} + \overline{A}B} = \overline{A}\,\overline{B} + AB$

（2）$AB + \overline{A}C = \overline{\overline{A}\overline{B} + \overline{\overline{A}\overline{C}}}$

1.6   将下列逻辑函数式转换为标准与或式。

（1）$Y_1 = AB\overline{C} + AB + B\overline{C}$

（2）$Y_2 = \overline{A}BCD + \overline{B}CD + A\overline{D}$

（3）$Y_3 = L\overline{M} + M\overline{N} + N\overline{I}$

1.7   利用图形法将下列函数化简为最简与或式。

（1）$Y_1 = A\overline{B} + \overline{A}C + \overline{C}D + BC$

（2）$Y_2 = ABC + ABD + \overline{C}D + A\overline{B}C + \overline{A}C\overline{D} + AC\overline{D}$

（3）$Y_3 = A\overline{B}\overline{C} + \overline{A}B + \overline{A}D + C + BD$

（4）$F = (\overline{A} + \overline{B})(\overline{A} + \overline{C} + D)(A + C)(B + \overline{C})$

（5）$Y_4 = \sum m^3(0,1,2,5,6,7)$

（6）$Y_5 = \sum m^4(0,1,2,3,4,6,7,8,9,10,11,14)$

（7）$Y_6 = \sum m^4(0,1,2,5,8,9,10,12,14)$

（8）$Y_7 = \sum m^4(0,1,2,3,5,6,7,8,10,11,14,15)$

1.8   利用约束函数化简

（1）$Y_1 = \sum m^4(0,2,7,13,15)$

    $\Phi_1 = \sum m^4(1,3,4,5,6,9,10)$

（2）$Y_2 = \sum m^4(0,3,5,6,8,13)$

    $\Phi_2 = \sum m^4(1,4,10)$

1.9   写出图 1-37 所示电路的表达式，并把它变换成标准与或式。

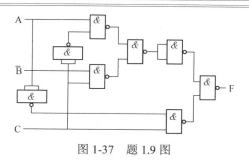

图 1-37　题 1.9 图

1.10　证明下列关系的成立：

（1）$A+BC=(A+B)(A+C)$

（2）$A \cdot (B \oplus C) = A \cdot B \oplus A \cdot C$

（3）$\overline{A \oplus B} = A \oplus \overline{B} = \overline{A} \oplus B$

（4）$A \oplus (B+C) \neq A \oplus B + A \oplus C$

1.11　按表 1-15、表 1-17 所示真值表写出与非、与或非的标准与或式，并用卡诺图进行化简。

 ## 实验 1：数字电路实验装置制作

　　电路实验是认识、理解电路原理的必要手段。在学习数字电路过程中，实验是教学和学习不可缺少的实践环节。做数字电路实验则需要实验设备，读者可购置市售的成品，也可参照下面介绍的电路资料自制。

　　自制实验设备，既节约资金，又能积累电路制作经验，增强动手能力。本书依据数字电路动作可分解的特点，把实验装置简化为面包式实验板（含导线）、直流（5V）电源、逻辑输入电路和逻辑显示器 4 个简单部分。在本章实验中先准备实验板和制作电源，输入和显示装置依据实验电路特点逐步制作。

一、数字电路实验板

　　做数字电路实验使用面包式实验板最为方便，实验用的小型元器件都可插在面包式实验板上，免除焊接，反复使用。如图 1-38（a）所示为用面包式制作的简易实验板和导线，图 1-38（b）为成品的面包实验板。

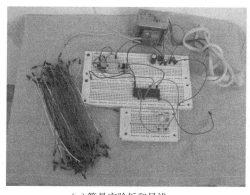

（a）简易实验板和导线　　　　　　　　　　　　（b）成品实验板

图 1-38　简易数字电路实验板和导线

　　用于面包式实验板的插接式导线，两端有针式插头，市场有售，也可用单芯硬铜线自己加工制作。

二、直流电源

做电路实验必须有直流电源，这里介绍三种电源供读者选用。

1．干电池电源

为了安全，对于不熟悉使用交流电的读者，做实验首选使用干电池做电源。电源结构如图 1-39 所示，其中使用三端稳压电器制作的稳压电路搭接在实验板上。

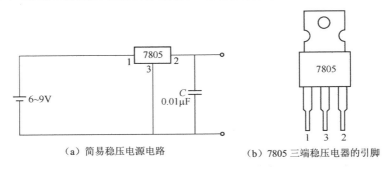

（a）简易稳压电源电路   （b）7805 三端稳压电器的引脚

图 1-39   使用干电池的稳压电源

2．计算机电源

做数字电路实验可使用能输出±5V、±12V 的计算机成品电源。

3．自制直流电源

对于有一定电路制作经验的读者，可参照图 1-40 自制稳压电源，把交流电变换为实验用的直流电源。制作和使用过程中要随时注意用电安全。

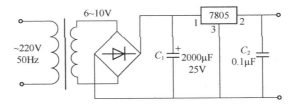

图 1-40   自制稳压电源电路

变压器的功率不能小于 10W，次级输出电压应在 6～10V 范围内。

三、输入信号电路和输出显示器制作

1．制作输入逻辑电路

输入逻辑电路是给数字实验电路提供高、低电平稳定输入信号的装置。门电路实验的输入信号对输出信号的作用是即时性的，电平的高、低输入可用简单的机械开关，如图 1-41 所示。

2．输出显示器

数字实验电路输出的高低电平可用半导体发光二极管（LED）显示，显示装置如图 1-42 所示。

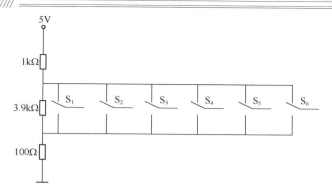

图 1-41　逻辑输入装置

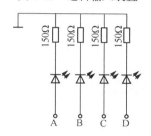

图 1-42　输出显示器

　　对于多输出端的电路可逐端检测,输出显示器有一套就够用。有条件的读者也可多制作几套(如 4 套或再多些),使多路输出同时显示,简化实验操作,并节省时间。

　　数字电路的逻辑电平也可以用数字万用表或内阻较高的指针式万用表检测显示,进一步简化实验装置的制作。使用万用表直流电压挡检测逻辑电平,不但能测出电平的电压值,还可辨认坏电平,这是 LED 显示装置不具备的功能。

四、输入、输出联合测试

　　把制作好的输入电路与显示器相连接,接通电源,变换输入电路的开关,观察显示器 LED 亮灯变化。

第 2 章
数字集成电路和逻辑门电路

电路由电子元器件构成，实用的数字逻辑电路要用逻辑器件制作。学习数字电路，必须了解用于制作数字电路的各类集成电路产品。

第 1 节 数字集成电路的种类

一、TTL、CMOS 及其他产品简介

数字电路与模拟、脉冲两种电路的关系及区别，在本书"前言"中已有简明的阐述。数字电路又叫数字逻辑电路，简称为逻辑电路。数字电路的逻辑器件是以集成电路的形式制作出各种逻辑功能的定型产品供制作者选用。

数字电路是脉冲电路的特殊应用方式，都属于开关电路，电路的核心是具有开关性能良好的二极管、双极性三极管（普通三极管）、单极性三极管（场效应晶体管）等半导体器件。不同类型的半导体器件的开关电压、开关速度、工作电路等电气参数是有差别的。世界上通用的逻辑电路产品是 TTL 和 CMOS 两大集成电路系列，每个系列又按电路的性能改进有多个分系列，各国都有相应产品和自己的型号编制，中国的集成电路型号命名方式见本书附录 A 中的附表 A-1。

1. TTL 系列的分系列

以双极型晶体管（即普通晶体管）为开关元件的逻辑集成电路称为 TTL（Transistor-Transistor Logic，晶体管-晶体管逻辑）电路。TTL 电路的突出特点是速度快，但集成度较低，功耗较大。

TTL 数字集成电路包括 74、54 两个主体系列，74 系列为民用品，54 系列为军用品。军用品的使用温度比民用品宽，但其他制作及使用指标比民用严格，价格也高。本书只涉及民用品 74 系列。

TTL 数字集成电路产品常用型号组成：

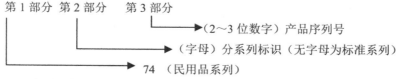

第 1 部分 第 2 部分 第 3 部分

➤（2～3 位数字）产品序列号

➤（字母）分系列标识（无字母为标准系列）

➤ 74（民用品系列）

（1）标准系列为中速产品，对应的国内产品为 CT1000 系列。TTL 的标准系列产品型号由系列号（74）与产品序列号（2～3 位数字）构成，如 74266 是封装着 4 个异或非门的 TTL

集成电路。

在两组数字之间插入字母表示速度和功耗不同的分系列产品。

（2）74LS 系列为低功耗肖特基 TTL 集成电路，是 TTL 集成电路的主要系列，价格较低，对应的国内产品为 CT4000 系列。

（3）74S 系列为肖特基结构的 TTL 集成电路，功耗比 74LS 电路大，且电路品种少，对应的国内产品为 CT3000 系列。

（4）74AS 系列为先进肖特基 TTL 集成电路，速度和功耗比 74S 系列有所改进。

（5）74LAS 系列为先进低功耗肖特基 TTL 集成电路。速度和功耗比 74LS 系列有所改进。

（6）74H（F）系列为高速产品，对应的国内产品为 CT2000 系列。

各分系列的同序列号产品（包括国标产品）内部的单元组成和引脚功能信号分布（大部分）相同，如 7400、74S00、74LS00、74F00 都是封装着 4 个 2 输入端与非门的 TTL 集成电路，而 7451、74HC51 就是两种不同结构电路芯片。

2．CMOS 系列的分系列

MOS 管（Metal Oxide Semiconductor，金属氧化物晶体管）是绝缘栅场效应晶体管，属于单极型晶体管。CMOS（Complementary MOS）是用对称互补的增强型 MOS 管构成基本开关电路，具有功耗低、集成度高、工作电源电压范围宽、抗干扰能力强、输入阻抗高、输出能力强、成本低等显著特点。

（1）4000 系列是 CMOS 的主流系列，品种多、价格较便宜。

（2）74HC 系列为 HCMOS 集成电路，既具有 CMOS 集成电路的低功耗，又具有 74LSTTL 集成电路的高速度。

3．新型数字集成电路系列

（1）ECL 型集成电路系列说明：ECL 是以双极型晶体管为开关元件的新型集成电路，晶体管的开关动作在截止区和放大区之间实现，不进入饱和区，以提高动作速度。晶体管与晶体管之间采用模拟电路的差分结构，用发射极耦合方式，称为"发射极耦合逻辑（ECL）"。

ECL 电路突出特点是速度快，但功耗大。ECL 有 ECL 10K 和 100K 两个系列。

ECL 10K：电源–5.2V、延时 2ns、功耗 25mW。

ECL100K：电源–4.5V、延时 0.75ns、功耗 40MW。

ECL 10K 的速度高于 TTL74S 系列，ECL100K 的速度又高于 ECL10K 一个数量级。

（2）高阈值逻辑电路（HTL）：由于抗干扰性极好，我国把它通称为高抗干扰集成电路，其型号用 CH 表示。电源电压为+15V，门延迟时间为 85ns，门静态功耗为 30mW。

（3）二极管-晶体管逻辑电路（DTL）：用+5V 电源，门静态功耗 8mW，延迟时间为 30ns。

二、逻辑电平

数字（逻辑）电路传输的是矩形电压波形，电压的跳跃式变化由半导体器件的开关动作形成，逻辑电路也叫开关电路。

在数字电路中用电压高、低表示二进制数字 1、0，但与数字信号 0 和 1 对应的不是确切的电压值，而是一个指定的电压范围，通常把这个电压范围称为电平，电平没有单位。二进制数字 0、1 跟指定的电压范围之间只是一种表示关系，可以依据需要作不同规定，构成不同的电平标准，用于不同电路和环境。

（1）TTL 电平标准：2～5V 作为高电平，高电平的额定值为 3V；0～0.8V 作为低电平，低电平的额定值为 0.2V。0.8～2V 之间为不确定状态（有的教材称其为坏电平）。

（2）CMOS 电平标准：CMOS 电路的逻辑电平是随电源电压 V_{DD} 变化的，高电平不低于 $2/3V_{DD}$，低电平不高于 $1/3V_{DD}$。如果 CMOS 电路采用+5V 电源作为 V_{DD} 时，可以与 TTL 电路兼容，或互相代用。

（3）ECL 电平标准：高电平≥−0.8V，低电平≤−1.7V。

（4）RS-232 电平标准：−3～−15V 表示 1，3～15V 表示 0。

三、电路品种、封装和名称规定

1. 电路封装

TTL 和 CMOS 两大系列的产品多采用标准的双列直插式封装，封装表面以缺口、缺角和坑点方式作为起始引脚的定位标志，引脚按逆时针顺序排列，如图 2-1 所示。

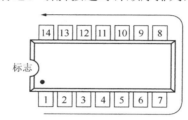

图 2-1　标准双列直插封装方式的引脚排列

2. 电路品种及使用

TTL 和 CMOS 两大系列中，都包括基本逻辑门、触发器以及典型的组合逻辑电路、典型的时序逻辑电路，以及脉冲振荡电路多种类型产品。

（1）定型功能的成品电路，包括定型组合逻辑电路（简称组合电路）、触发器为主体构成的定型时序逻辑电路（简称时序电路），在这两类产品中还有不少专门用于计算机总线的电路。定型的组合电路与时序电路产品可依据功能直接使用，为数字电路设计提供捷径，设计电路时应首先考虑有无成品电路可用。

为了使成品数字集成电路能准确、可靠地发挥其功能，必须严格满足它所要求的条件。使用时要认真查阅资料，确认芯片的各引脚的功能（电源电压、正负极、输入信号、输出信号、控制信号的引脚标号、有效电平、信号来源及其逻辑关系）。

（2）独立结构的基本逻辑门、触发器，用于设计、构制系列电路中没有的组合电路或时序电路。

（3）脉冲电路的相关产品，为脉冲电路制作提供定型产品。

3. 逻辑电路名称规定

（1）在数字电路中，高电平表示 1、低电平表示 0 为正逻辑，反之为负逻辑。教材中没有特殊说明的均为正逻辑。

（2）各种逻辑电路产品都按正逻辑功能确定名称。

第 2 节　逻辑器件图形符号标准简介

逻辑器件的图形符号是表述逻辑电路的图形语言，国际上有使用多年的传统符号，中国早期也曾制定过自己的旧图形符号，但在实用中都有不足之处（见表 2-1）。国际电工委员会（IEC）参照电气电子工程师协会（IEEE）由 1973 年开始试行、修改、增补，历经 11 年形成的 IEEE /STD91—1984 的新《绘图用图形符号》，制定出 IEC617 标准（一种非强制推行的标准），简称为 IEEE/IEC 标准，其中 IEC617—12 为二进制逻辑单元符号。

中国参照国际电工委员会的 IEC617 标准，于 1985 年颁布自己的《绘图用图形符号》标准，即国标 GB/T 4728—1985，其中 GB/T 4728.12—1985 为逻辑单元符号。中国现在推行的数字逻辑符号国家标准 GB/T 4728.12—1985，是与国际电工委员会 IEC617—12 标准的基本逻辑器件图形符号对应。国内外的新、旧及新标准三种二进制逻辑符号比较如表 2-1 所示。

表 2-1　三种逻辑符号比较

	国际旧逻辑符号	中国旧逻辑符号	国内外新标准
优点	图形简单，不用另加其他字母标识，既能表示器件的逻辑功能，又能表示信号传输方向	器件的逻辑功能直观，采用统一的方框形符号，便于绘制组合类逻辑图	采用统一的方框形符号，便于绘制组合类逻辑图，对电路的逻辑功能说明清楚，便于读图
缺点	符号的曲线形边框不适于绘制组合型逻辑符号	缺少信号传输方向标识	过于复杂，很多标识符号直观性差，难理解，不便记忆
现状	至今仍被广泛应用	不再使用	推广难度较大

新国标规定的二进制逻辑器件图形符号，正是为改进逻辑图的直观性和易读性而编制的。这套数字逻辑符号标准引入一种只需通过解释图形符号上的标记，就可以确定所给器件逻辑功能的方法，无须给出逻辑器件的内部元件及互连关系。下面对逻辑符号的 IEEE/IEC 标准给予简要说明。

一、符号组成

一个逻辑器件符号由一个边框（或几个边框组合）以及边框内、外一个或多个认证符号组成，如图 2-2 所示。

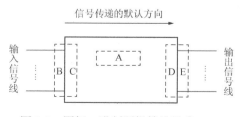

图 2-2　国标二进制逻辑符号组成

标在 A 位置（边框内正中偏上）的叫做"二进制逻辑单元图形符号的总限定符号"，是用来表述该单元所能实现逻辑功能的特征符号，本书涉及的几种总限定符号列于表 2-2 中。

"由左向右"是信号传输的默认方向，所以，边框左端为输入信号线，右端为输出信号线，如果遇到需改变方向的情况，则在框外输入、输出信号线上标箭头的方式表示信号流的方向（见表 2-3）。

框外 B 位置用于对输入信号加标符号（见表 2-3）。

框内 C 位置用于对内部输入功能加标说明符号（见表 2-4）。

框内 D 位置用于对内部输出功能加标说明符号（见表 2-4）。

框外 E 位置用于对输出信号加标说明符号（见表 2-3）。

二、认证符号

1. 边框内的总限定符号（如表 2-2 所示）

表 2-2　几种常见的总限定符号

符　　号	说　　明
&	与逻辑门（及功能），表示只有输入全有效，输出才有效
≥1	或逻辑门（及功能），表示只要有一个输入有效，输出就有效
=1	异或逻辑门。两个输入中，当且仅当一个输入有效，输出才有效
1	缓冲器，一个输入必须有效
X/Y	编码器，代码转换器
Σ	加法器
SRGm	移位寄存器，m=位数
CTRm	计数器，m=位数；循环长度=2^m
ROM	只读存储器
RAM	随机存取（读/写）存储器

2. 对输入、输出信号说明的框外符号（如图 2-3 所示）

表 2-3　对输入、输出信号说明的几种常见框外符号

符　　号	说　　明
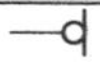 —⊲	输入端的逻辑非
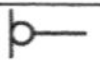 ▷—	输出端的逻辑非
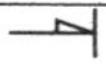 ⌐	低电平有效输入
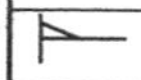 ⌐	低电平有效输出
 ⌐	从右到左信号流，低电平有效的输入信号
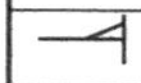 ⌐	从右到左信号流，低电平有效的输出信号
 ◄—	从右到左信号流
 ◄►	双向信号

第 1 章中介绍的非逻辑符号是由缓冲器边框符号和表示信号变反（倒相）的框外逻辑非符号（小圆圈"○"）复合构成。

3. 对输入、输出信号说明的框内符号（如表 2-4 所示）

表 2-4　对输入、输出功能说明的几种常见框内符号

符　　号	说　　明
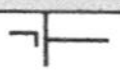 ⌐	延迟的输出
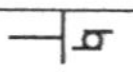 ⌐σ	带滞后的输入

续表

符　　号	说　　明
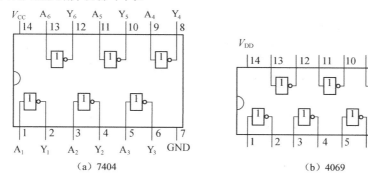	NPN 集电极开路输出
	NPN 发射极开路输出，需要外部下拉
	三态输出
	高于通常输出能力的输出（符号方向是信号流的方向）
⎯｜EN	使能信号输入
R-S、J-K、D	触发器的通常表示

第 3 节　基本门电路

能够实现与、或、非以及与非、或非、与或非、异或等复合逻辑运算的电路叫做基本逻辑门电路，简称门电路。

一、TTL 和 CMOS 系列的基本逻辑门电路

1. 非门电路

TTL 标准系列中的非门型号为 7404，CMOS 系列中的非门型号为 4069，内部都封装有 6 个独立的非门，封装形式和引脚功能如图 2-3 所示。两种芯片的内部单元排布和外部引脚信号都相同，只是电源引脚名称不同。

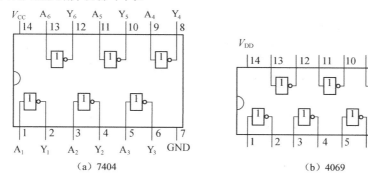

图 2-3　7404 和 4069 的内部结构和引脚功能

2. 与门电路

TTL 标准系列中的与门型号为 7408，CMOS 系列中的与门型号为 4081，内部都封装有 4 个独立的 2 输入端与门，封装形式和引脚功能如图 2-4 所示。

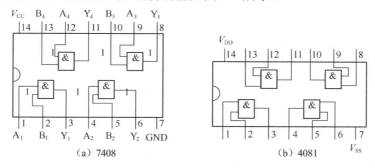

图 2-4　7408 和 4081 的内部结构和引脚功能

3．或门电路

TTL 标准系列中的或门型号为 7432，CMOS 系列中的或门型号为 4071，内部都封装有 4 个独立的 2 输入端或门，封装形式和引脚功能如图 2-5 所示。

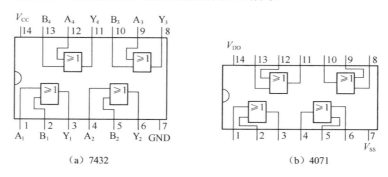

（a）7432　　　　　　　　　　　（b）4071

图 2-5　7432 和 4071 的内部结构和引脚功能

4．与非门电路

TTL 标准系列中的与非门型号为 7400，CMOS 系列中的与非门型号为 4011，内部都封装有 4 个独立的 2 输入端与非门，封装形式和引脚功能如图 2-6 所示。

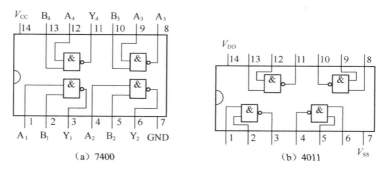

（a）7400　　　　　　　　　　　（b）4011

图 2-6　7400 和 4011 的内部结构和引脚功能

5．或非门电路

TTL 标准系列中的或非门型号为 7402，CMOS 系列中的或非门型号为 4001，内部都封装有 4 个独立的 2 输入端或非门，封装形式和引脚功能如图 2-7 所示。

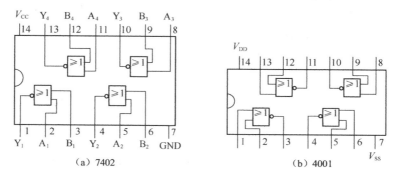

（a）7402　　　　　　　　　　　（b）4001

图 2-7　7402 和 4001 的内部结构和引脚功能

6. 与或非门电路

TTL 标准系列中的与或非门型号为 7451，CMOS 系列中的与或非门型号为 4085，内部都封装有 2 个独立的 2×2 与或非门，封装形式和引脚功能如图 2-8 所示。

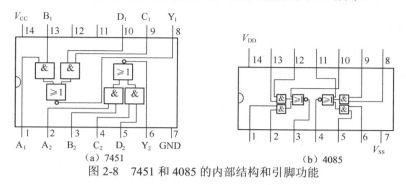

图 2-8　7451 和 4085 的内部结构和引脚功能

7. 异或门电路

TTL 标准系列中的异或门型号为 7486，CMOS 系列中的异或门型号为 4030，内部都封装有 4 个独立的异或门，封装形式和引脚功能如图 2-9 所示。

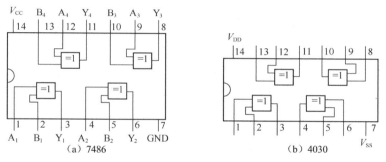

图 2-9　7486 和 4030 的内部结构和引脚功能

8. 异或非门电路

TTL 标准系列中的异或非门型号为 74266，CMOS 系列中的异或非门型号为 4077，内部都封装有 4 个独立的异或非门，封装形式和引脚功能如图 2-10 所示。两种芯片的内部单元排布和外部引脚信号都相同，只是电源引脚名称不同。

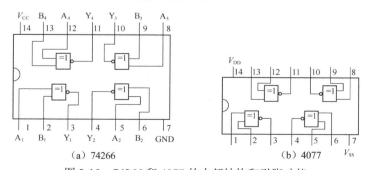

图 2-10　74266 和 4077 的内部结构和引脚功能

TTL 和 CMOS 系列中基本逻辑门电路产品还有很多，读者可参阅本书附录 B 中附表 B-1 到附表 B-5。

二、基本门电路的改进品种

为使基本逻辑门电路适应特殊环境的使用，TTL 和 CMOS 系列有大量在输出、输入技术以及特殊功能的改进型产品。

1. 输出电路改进

1）TTL 的 OC 门

一般的逻辑门电路的输出端不能并联连接使用，而且 TTL 门电路对电源要求严格，与其他电平标准的电路混合使用受到限制。将输出电路中的集电极电阻去掉，使输出级的集电极呈开路状态，叫做集电极开路（OC）式输出，表示 OC 式输出即在输出信号线内侧标注 1 个"◇"符号。OC 结构的与非门逻辑符号如图 2-11 所示。

OC 电路的集电极电阻要由外电路补接，再接电源，补接的集电极电阻叫做上拉电阻。OC 门的突出特点是输出端可以并联实现"线与"逻辑，如图 2-12 所示。

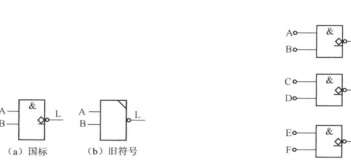

图 2-11　OC 与非门逻辑符号

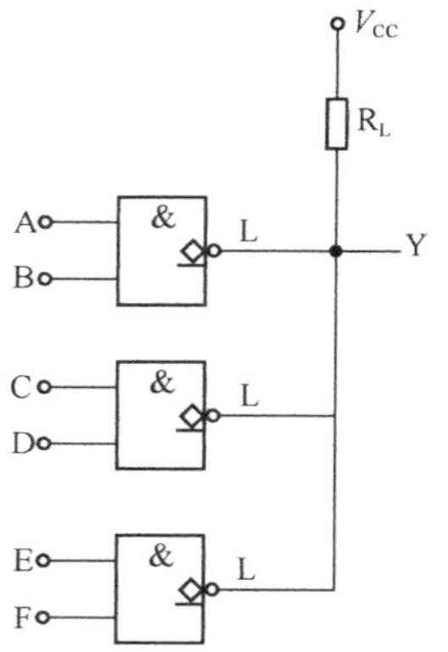

图 2-12　OC 门构成的线与逻辑

三个 OC 门只要有一个输出低电平，输出端 Y 即为低电平，只有当 OC 门都输出高电平时，线路才能呈高电平状态。利用 OC 门可实现电平转换，与其他类型电路连接，还可在上拉电阻电路中串接发光二极管（LED）。

TTL 系列的大量产品具有 OC 式输出结构。受结构限制，CMOS 系列中没有类似结构的电路，CMOS 的漏极开路（OD）结构的产品只在 74 系列中有。

2）三态门

三态门电路是一种带控制功能的逻辑单元，是实现线路分时切换的关键性电路，TTL 和 CMOS 两系列都有大量含三态控制性能的产品。表示三态输出即在输出信号线内侧标注 1 个小三角（▽）符号。如图 2-13 所示是三态与非门电路及符号。

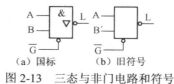

图 2-13　三态与非门电路和符号

所谓三态门是指它输出端具有正常状态（低阻态）下的 1 态和 0 态，以及关断状态下的高阻态。三态门电路的控制信号有高电平有效和低电平有效两种类型。

输出端的 OC 和三态两类技术应用普遍，很多产品图中不便于用符号表示，则在名称或电路功能中说明。

2. 在输入电路中引入施密特触发器

施密特触发器是一种电压传输具有回滞兼钳位特性的电路，电压传输曲线如图 2-14 所示，该曲线的独特形状是施密特触发器的标志。

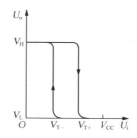

图 2-14　施密特触发器电压传输特性

施密特触发器常用于电压波形变换，它能将正弦波、锯齿波以及各类变化缓慢的电压信号整形，使之转换为适合于数字电路需要的矩形脉冲，并有较强的抗干扰能力，其原理可用图 2-15 表示。

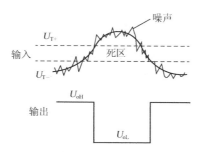

图 2-15　施密特触发器的整形和抗干扰原理

在电路中引入施密特触发器，可使电路具有良好的整形和抗干扰性能，但会降低信号传输速度。TTL 和 CMOS 系列中都有含施密特触发器的门电路。图 2-16 所示为 TTL 系列的 7414 和 CMOS 系列的 40106 两种含施密特结构的 6 反相器。

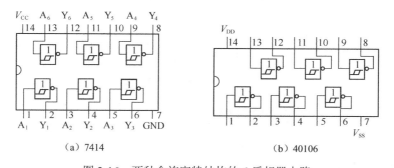

（a）7414　　　　　　　　　　（b）40106

图 2-16　两种含施密特结构的 6 反相器电路

本书第 4 章的实验电路中利用含施密特触发器的门电路消除手动开关的颤动。

3. 缓冲器和驱动器

缓冲器是同相传输信号的电路，没有逻辑变换功能。缓冲器用于调节两级电路之间的电流匹配问题，并增加信号在电路中的传输时间。

驱动器用于驱动负载，它具有一定的功率输出能力，有同相驱动和反相驱动两种类型。同相驱动的性能与模拟电路中的射极跟随放大器相似，输入电阻较大、输出电阻小，带载能力较强。反相驱动就是输出功率较大的非门。TTL 系列的很多产品含驱动电路，可以直接驱动负载。

7434 是 TTL 系列产品中的缓冲器，4050 是 CMOS 系列的缓冲器，在有电流不匹配的连接处需插入缓冲其解决电流匹配问题，7434 和 4050 的内部结构及引脚功能如图 2-17 所示（NC 表示无用引脚）。

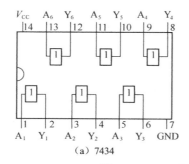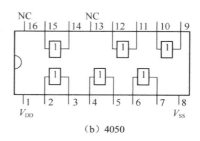

（a）7434 　　　　　（b）4050

图 2-17　7434 和 4050 的内部结构及引脚信号

4. CMOS 模拟开关

模拟开关是 CMOS 系列的特殊产品，既能传数字信号又能传送模拟信号，而且具有双向传输特性。CMOS 系列中有多种模拟开关产品供设计者选用，4016 是封装有四个双向模拟开关的集成电路芯片，其内部结构和引脚如图 2-18 所示。

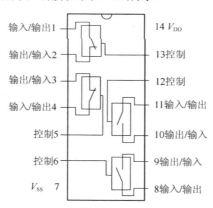

图 2-18　四双向模拟开关 4016

第 4 节　数字集成电路的使用

一、逻辑门电路的特点

1. 门电路的连接方式

数字电路与模拟、脉冲两种电路不同，数字电路单元之间都采用直接连接方式（电子技术术语称之为直接耦合），使得前后两级电路之间的直流关系形成一个整体，输出电流的流向要随输出信号的高、低电平变化。在传递高电平信号时，电流要从前级的输出端流出、注入后级的输入端。在传递低电平信号时，电流要从后级的输入端流出、注入前级的输出端。当流出或注入工作电流过大时，就会影响信号电平的准确性，造成电路动作故障。因此，各类数字电路产品的输出端与后级电路输入端（或负载）连接都有电流限制。

2. 门电路的传输延迟时间

由于门电路中使用的半导体器件（二极管、三极管、MOS 管等）都不是理想化的开关元件，所以对数字脉冲信号的传输、处理特性并不能达到理想化的效果；数字电路均采用直接耦合方式连接，门电路之间相互影响很大，这些特性在实际使用中不容忽视，否则会使设计制作的电路达不到预期的功能，甚至烧坏电路。

图 2-19 所示为 TTL 反相器（非门）传输脉冲信号的波形图。

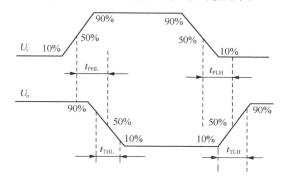

图 2-19　反相器（非门）的传输波形

1）传输延迟时间

（1）高电平到低电平的传输延迟时间：由 U_i 上升沿的 50%处到 U_o 下降沿的 50%处所需要的时间，叫做非门由高电平到低电平的传输延迟时间 t_{PHL}。

（2）低电平到高电平的传输延迟时间：由 U_i 下降沿的 50%处到 U_o 上升沿的 50%处所需要的时间，叫做非门由低电平到高电平的传输延迟时间 t_{PLH}。

2）转换时间

在输入信号 U_i 驱动下，TTL 非门需要一定时间才能在输出端完成转换，实现信号传输。

（1）由高电平到低电平的转换时间 t_{THL}：输出电压由最高输出电压的 90%下降到 10%所需要的时间称为 t_{THL}。

（2）由低电平到高电平的转换时间 t_{TLH}：输出电压由最高输出电压的 10%上升到 90%所需要的时间称为 t_{TLH}。

CMOS 门电路的转换时间和传输延迟时间的定义和 TTL 相同，但一般 CMOS 电路的动作没有 TTL 电路迅速。

二、数字集成电路的使用要点

实际使用数字集成电路时，有电源电压、逻辑电平匹配、速度匹配、电流匹配、空闲输入端的处理、退耦电路 6 个要点不容忽视。

1．电路对电源电压的要求

不同类型系列的电路对电源要求不同，制作电路要尽量使用同系列芯片，以简化对电源的要求。

TTL 电路电源电压 V_{CC} 为+5V，允许波动±10%。

CMOS 电路允许的电源电压 V_{DD} 范围较宽（+3～20V），一些专用电路（如电子表电路）允许的最低工作电压<1.5V。

ECL 系列使用负电源。

2．逻辑电平匹配

TTL 的电平是相对稳定的，CMOS 电路的逻辑电平是随电源电压 V_{DD} 变化的。如果 CMOS 电路采用+5V 电源作为 V_{DD} 时，可以与 TTL 电路兼容，或互相代用。

要尽量避免不同系列电路混用。不同电平标准的电路混用，需使用专门的转换电路解决电平匹配问题。

3．电流匹配

数字电路信号的传输采用直接耦合方式，即前级逻辑器件的输出端与后级逻辑器件的输入端（或其他负载）是直接连接的。为保证门电路输出电平准确而不受后级电路影响，每种系列电路输出端连接同系列电路的数量（带载能力）都有严格限制。TTL 电路的带载数量较少，CMOS 电路的输入阻抗远高于 TTL 电路，输入电流极小，输出端带载数量较多。若有带载过重的问题，可插入缓冲器或驱动器予以解决。

如果直接带继电器负载，CMOS 电路的带载能力比 TTL 电路差。

4．空闲输入端的处理方法不同

在电路中，逻辑门不使用的输入端（通常称为空闲端、空端）必须妥善处理才能保障其逻辑功能正常实现和电路安全。

与门和与非门的空闲端必须接为高电平，可接电路中的恒定高电平点或通过隔离电阻接电源，TTL 门的不用端也可悬空（悬空端为高电平，为避免引入干扰，灵敏度高的电路不宜采用悬空方式）。CMOS 门的输入电阻高，不用输入端须通过隔离电阻接电源正极，不允许悬空，否则会使电路损坏。

或门和或非门的不用输入端必须接为低电平，TTL 或门电路的空输入端要通过 300Ω 隔离电阻接地，CMOS 或门电路的输入空端可直接接地。

在不影响前极输出的情况下，把同一个门电路的空闲输入端与其他输入端并联是最常用的方法。这样处理虽会加重前极的负载，但能使电路结构简化并运行可靠。多输入端并联为一端可使与非门、或非门变为非门（如图 2-20 所示）、与门和或门成为传输门。在第 1 章习题 1.9 的逻辑图中就有两个与非门作为非门使用。

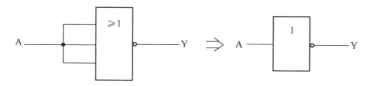

图 2-20　或非门作为非门使用

注意：各类门电路的输出端都不允许对地或对电源短路。

5．速度和功耗不同（速度匹配）

不同系列的数字集成电路的速度各有差别，为使电路的逻辑功能准确可靠，各类电路的速度协调问题不可忽视。

TTL 电路的速度高于 CMOS 电路；CMOS 电路的功耗低于 TTL 电路。

6．退耦电路

实用电源都有一定的内阻，在多单元电路中，电源内阻是造成各电路单元相互影响的串扰信号源。退耦电路是针对这类信号串扰而设置的。在数字电路（尤其是计算机电路）中，由于线路上的信号频率高，消除高频串扰是计算机正常运行的重要技术保障，常用办法是在集成电路芯片的供电线路上挂接一个适当容量的电容，如图 2-21 所示。

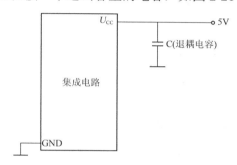

图 2-21　数字电路中常用的退耦方式

综上所述，只要顾及 TTL 电路与 CMOS 电路的 5 点不同，两种电路是完全可以相互兼容、相互代用的。对于使用不同电源电压的 TTL 电路与 CMOS 电路之间连接，可以借助电平转换电路作为接口。

 本章小结

(1) 基本逻辑门电路（简称门电路）是实现基本逻辑运算的硬件单元，最简单的与门和或门是用二极管电路实现的。最基本逻辑门电路有与门、或门和非门 3 种，常用的还有与非门、或非门、异或门等。

(2) TTL 和 CMOS 是实用数字集成电路的两大主流系列，两种电路对使用环境的要求有很多不同。

(3) 二进制逻辑器件的图形符号是表述逻辑电路的图形语言，新国标是当前推行的主流符号。

(4) 各类晶体管都不能达到理想开关的效果，高低电平之间的变换都有时间延迟。实用中要注意信号延迟造成的影响。

(5) 门电路的未用输入端（简称空闲端）要妥善处理，否则会影响逻辑电路整体运行，严重时会损坏电路。与门、与非门的空端要固定为高电平；或门、或非门的空端要固定为低电平。

 习题 2

2.1　写出三态门的三种状态，并说明三态门实际使用的主要环境。

2.2　写出 OC 门的使用方式以及 OC 门在实用中的特殊作用。

2.3　写出传输门的功能及其使用，对比传输门与三态门功能的区别。

2.4　在什么情况下需要使用缓冲器？

2.5　哪类电路能与负载直接连接？

2.6　逻辑门的空闲端应怎样处理？

实验 2：逻辑门电路的测试

一、实验目的

（1）熟悉 TTL 4 输入端双与非门 74LS20、与或非门 74LS54 的外形及引脚信号分布。

（2）掌握与非门、非门、与门、或门、或非门、与或非门的逻辑功能测试。

二、实验准备

（1）芯片：TTL 系列的非门（7404）、与门（7408）、或门（7432）、与非门（7400）、或非门（7402）、与或非门（7451）、异或门（7486）集成电路各 1 片。

（2）实验设备：第 1 章实验中制作的数字集成电路实验装置。

三、分解式数字电路实验的操作方法

依据数字电路信号的离散性特点，数字电路实验可以分解为单个电平信号输入方式进行，并使实验设备大幅度简化。对于单个门电路的测试，可以采用断电方式的分解动作进行实验。具体操作步骤如下：

（1）确定实验内容和所使用的电路芯片，查资料了解芯片的内部结构和引脚功能。

（2）设计实验接线图（有现成图可直接使用），按图在实验板上接好实验线路，并仔细检查，确保无误。

（3）给实验电路接通电源，并按真值表（逻辑真值表按实验目的设计）的排列，输入一组信号电平。

（4）先检测输入信号电平是否正确，再检测各输出端电平，并填入真值表。

（5）按真值表输入组合的排列顺序，变换输入信号电平，检测输出电平，填入真值表。

（6）重复第（5）步实验内容，完成真值表所列的全部实验步骤。

（7）按真值表所排列的输入、输出信号的电平对应值，画出实验电路的电压波形。

四、实验内容

1．测试非门的逻辑功能

（1）取 TTL 非门 7404 芯片，插在面包板中部，按图 2-22 连线，选用芯片中的第 1 个非门做测试实验。

（2）按表 2-5 所列的第 1 个输入状态，给 7404①脚输入低电平（0），然后检测②脚的输出状态，并把检测结果填入该表；再给①脚输入高电平（1），检测②脚的输出状态，把检测结果填入该表。

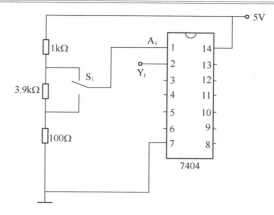

图 2-22　7404 非门测试接线图

表 2-5　非门测试记录表

输入端引脚 A1（①）	输出端引脚 Y1（②）
0	
1	

（3）根据实验得出的真值表写出非逻辑的表达式。

（4）按记录表中输入、输出的逻辑值对应关系画出非门的输入、输出波形图。

2．测试与门的逻辑功能

（1）取 TTL 与门 7408 芯片，插在面包板中部，按图 2-23 连线，选用芯片中的第 1 个与门做测试实验。

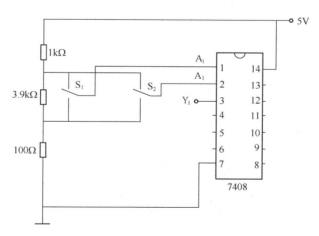

图 2-23　7408 与门测试接线图

（2）按表 2-6 所排列的 4 组输入状态，在 7408①、②脚输入相应的电平，然后检测③脚的输出状态，并把检测结果填入该表。

（3）根据实验得出的真值表写出与逻辑的表达式。

（4）按记录表中输入、输出的逻辑值对应关系画出与门的输入、输出波形图。

表 2-6　与门测试记录

输入引脚		输出引脚
A1（①脚）	B1（②脚）	Y1（③脚）
0	0	
0	1	
1	0	
1	1	

3．测试或门的逻辑功能

（1）取 TTL 或门 7432 芯片，插在面包板中部，按图 2-24 连线（或门电路 7432 的引脚分布与 7408 相同），选用芯片中的第 1 个或门做测试实验。

（2）按表 2-7 所排列的 4 组输入状态，在 7432①、②脚输入相应的电平，然后检测③脚的输出状态，并把检测结果填入该表。

表 2-7　或门测试记录

输入引脚		输出引脚
A1（①脚）	B1（②脚）	Y1（③脚）
0	0	
0	1	
1	0	
1	1	

（3）根据实验得出的真值表写出或逻辑的表达式。

（4）按记录表中输入、输出的逻辑值对应关系画出或门的输入、输出波形图。

4．测试与非门逻辑功能

（1）取 TTL 与非门 7400 芯片，插在面包板中部，按图 2-24 连线（与非门电路 7400 的引脚分布也与 7408 相同），选用芯片中的第 1 个与非门做测试实验。

（2）按表 2-8 所排列的 4 组输入状态，在 7400①、②脚输入相应的电平，然后检测③脚的输出状态，并把检测结果填入该表。

表 2-8　与非门测试记录

输入引脚		输出引脚
A1（①脚）	B1（②脚）	Y1（③脚）
0	0	
0	1	
1	0	
1	1	

（3）根据实验得出的真值表写出与非逻辑的表达式。

（4）按记录表中输入、输出的逻辑值对应关系画出与非门的输入、输出波形图。

5．测试或非逻辑功能

（1）取 TTL 或非门 7402 芯片，插在面包板中部，按图 2-24 连线，选用芯片中的第 1 个或非门做测试实验。

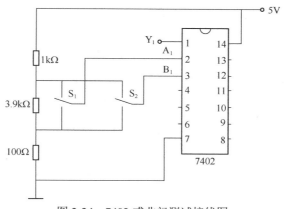

图 2-24　7402 或非门测试接线图

（2）按表 2-9 所排列的 4 组输入状态，在 7432②、③脚输入相应的电平，然后检测①脚的输出状态，并把检测结果填入该表。

表 2-9　或非门测试记录

输入引脚		输出引脚
A1（②脚）　B1（③脚）		Y1（①脚）
0	0	
0	1	
1	0	
1	1	

（3）根据实验得出的真值表写出或非逻辑的表达式。

（4）按记录表中输入、输出的逻辑值对应关系画出或非门的输入、输出波形图。

6．测试与或非逻辑功能

（1）按图 2-25 连线，选用芯片中第 2 个与或非门做测试实验。

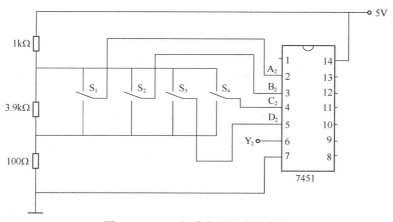

图 2-25　7451 与或非门测试接线图

（2）按表 2-10 所列状态顺序输入信号进行实验，把实验结果填入该表，写出表达式。

表 2-10　与或非门测试记录表

输入端引脚 A2② B2③ C2④ D2⑤				输出端引脚 Y2⑥
0	0	0	0	
0	0	0	1	
0	0	1	0	
0	0	1	1	
0	1	0	0	
0	1	0	1	
0	1	1	0	
0	1	1	1	
1	0	0	0	
1	0	0	1	
1	0	1	0	
1	0	1	1	
1	1	0	0	
1	1	0	1	
1	1	1	0	
1	1	1	1	

7. 异或门 7486 的测试

（1）取 TTL 异或门 7486 芯片，插在面包板中部，按图 2-24 连线（异或门电路 7486 的引脚分布也与 7408 相同），选用芯片中的第 1 个异或门做测试实验。

（2）按表 2-11 所排列的 4 组输入状态，在 7486①、②脚输入相应的电平，然后检测③脚的输出状态，并把检测结果填入该表。

表 2-11　异或门测试记录表

输入信号引脚 A1① B1②		输出信号引脚 Y1③
0	0	
0	1	
1	0	
1	1	

（3）根据实验得出的真值表写出异或逻辑的表达式。

（4）按记录表中输入、输出的逻辑值对应关系画出异或门的输入、输出波形图。

第 3 章

组合逻辑电路

在第 1 章中已介绍过组合逻辑的特性和结构特点以及与非、或非、与或非、异或四种简单而重要的组合逻辑，并介绍了逻辑代数处理复杂逻辑的基本方法。本章则在这些内容的基础上介绍组合逻辑电路的设计和分析等相关知识。

第 1 节　组合逻辑电路的设计

一、组合逻辑图的结构特点和设计的基本步骤

1．组合逻辑图的结构特点

一个基本逻辑门就是一个结构最简单的组合电路，多数组合逻辑电路由两个以上（含两个）逻辑门组成。一个组合逻辑电路就是一个逻辑函数，可以有多个输入信号（输入变量），但只能有一个输出信号（输出函数）。输入信号完全（或部分）相同的组合逻辑电路可采用多输出端的联合性结构。

2．设计组合逻辑的基本步骤

实用数字逻辑电路设计是利用基本逻辑运算去实现生活、工作、娱乐所需要的各种具有数字逻辑特点的实际功能，只要能够确定电路输入信号、输出信号的数量及其状态间的对应关系，就能构造出具有相应功能的数字逻辑电路。

在数字集成电路系列中，有多种组合逻辑电路的定型产品可直接选用，如加法器、比较器、编码器、译码器、数据选择器、分配器等（见书后附录 B、附录 C）。

需要制作者设计的多是为成品电路之间实现信号匹配的辅助电路。这类组合电路的结构都比较简单，设计步骤如第 1 章的图 1-1 所示，首先是按命题所述条件（输入信号）与结果（输出信号）之间的全部逻辑对应关系得出最简逻辑表达式，再按选用的逻辑门种类变换表达式，画出逻辑电路图，最后按图设计实际电路。

二、成品组合逻辑电路核心结构的设计

了解成品组合逻辑电路核心结构的设计，有助于提高实际设计能力和丰富设计思路。

1．一位全加器的逻辑设计

能够对数值进行加法运算的电路称为加法器。一位加法器是能计算一位二进制数加法的简单电路，多位加法器用一位加法器组合而成。不考虑低位进位的叫半加器，半加器只用在

多位加法器的最低位。考虑低位进位的叫全加器，具有通用性。

一个一位全加器有两个输出信号：S_i 为本位和；C_i 为向高位的进位，三个共同的输入信号：设 A_i、B_i 为本位加数；C_{i-1} 为低位进位。它们之间的逻辑关系列成真值表如表 3-1 所示。

表 3-1　一位全加器真值表

输　　入			输　　出	
C_{i-1}	A_i	B_i	S_i	C_i
0	0	0	0	0
0	0	1	1	0
0	1	0	1	0
0	1	1	0	1
1	0	0	1	0
1	0	1	0	1
1	1	0	0	1
1	1	1	1	1

根据真值表写出两个函数的表达式：

$$S_i = \overline{C}_{i-1}\,\overline{A}_i B_i + \overline{C}_{i-1} A_i \overline{B}_i + C_{i-1}\overline{A}_i\,\overline{B}_i + C_{i-1} A_i B_i$$

$$C_i = \overline{C}_{i-1} A_i B_i + C_{i-1}\overline{A}_i B_i + C_{i-1} A_i \overline{B}_i + C_{i-1} A_i B_i$$

S_i 函数显然不能化简（可填入卡诺图检验），但符合异或逻辑关系，可转为异或表达式：

$$S_i = \overline{C}_{i-1}(\overline{A}_i B_i + A_i \overline{B}_i) + C_{i-1}(\overline{A}_i\,\overline{B}_i + A_i B_i) = \overline{C}_{i-1}(A_i \oplus B_i) + C_{i-1}\overline{A_i \oplus B_i} = C_{i-1} \oplus (A_i \oplus B_i)$$

C_i 函数式部分能化简，另一部分也是异或逻辑关系：

$$C_i = A_i B_i(\overline{C}_{i-1} + C_{i-1}) + C_{i-1}(\overline{A}_i B_i + A_i \overline{B}_i) = A_i B_i + C_{i-1}(A_i \oplus B_i) = \overline{\overline{A_i B_i + C_{i-1}(A_i \oplus B_i)}}$$

两个电路输入信号是共同的，并都包含 $(A_i \oplus B_i)$，为了充分利用成品门电路而减化电路结构，选用两个异或门、一个与或非门和一个非门组成电路，如图 3-1 所示为全加器电路及成品逻辑符号。

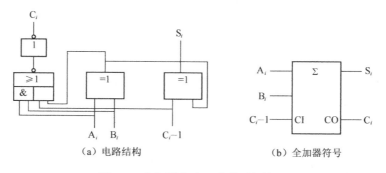

（a）电路结构　　　　　　　　　　（b）全加器符号

图 3-1　全加器电路及成品逻辑符号

这个全加器的输入、输出信号都是高电平有效。

7482 是 TTL 系列的两位二进制全加器，电路的引脚功能如图 3-2 所示。

图中 A_2、A_1 和 B_2、B_1 为两个两位二进制数输入，C_0 为低位进位输入，Σ_1 与 Σ_2 为两位本位和输出，C_2 为高位进位输出，NC 为空脚。

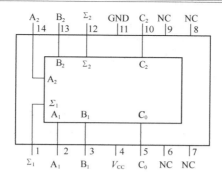

图 3-2　7482 的电路结构和引脚功能

2．比较器的逻辑设计

数据比较是常用的一种数据处理方法，电路由相等、大、小三种比较电路复合构成。

两个一位二进制数的比较称为一位比较器，它是多位比较器的基本单元。

1）一位同比较器设计

设：被比较的两个数为 A_i 与 B_i，比较结果为 G_i。依据同比较器的功能，列出一位同比较器的逻辑真值表（表 3-2）。

表 3-2　一位同比较器的逻辑真值表

A_i　　B_i	G_i
0　　0	1
0　　1	0
1　　0	0
1　　1	1

写出一位同比较器的逻辑函数表达式：

$$G_i = \overline{A_i}\,\overline{B_i} + A_i B_i = \overline{\overline{A_i B_i} + \overline{A_i}\,\overline{B_i}} = \overline{A_i \oplus B_i}$$

一位同比较器的逻辑电路实际就是一个异或非门，用异或非门产品 74266（见第 2 章图 2-9）构成电路最简单，也可用异或门复合非门构成，还可用与或非门构成。不同结构的一位同比较器如图 3-3 所示。

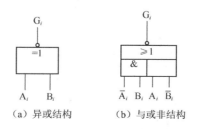

（a）异或结构　　　（b）与或非结构

图 3-3　一位同比较器电路

2）一位大小比较器设计

设：被比较的两个一位二进制数 A_i 与 B_i；两个输出信号，M_i 表示 $A_i < B_i$，L_i 表示 $A_i > B_i$。由比较器应具备的功能可列出一位大小比较真值表（表 3-3）。

表 3-3　一位大小比较真值表

A_i	B_i	$L_i[A_i>B_i]$	$M_i[A_i<B_i]$
0	0	0	0
0	1	0	1
1	0	1	0
1	1	0	0

由真值表得两个输出信号的函数表达式：

$$L_i = A_i \overline{B_i}$$

$$M_i = \overline{A_i} B_i$$

一位大小比较器的电路图如图 3-4 所示。

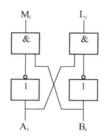

图 3-4　一位大小比较器电路

多位比较器有串行和并行两种工作方式。7485 为 TTL 系列产品中的 4 位数值比较器，该电路的内部结构与引脚功能如图 3-5 所示。

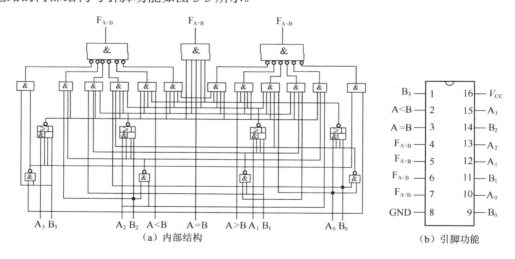

（a）内部结构　　　　　　　　　（b）引脚功能

图 3-5　7485 的内部结构与引脚功能

7485 可执行 4 位二进制码（或一位 8421BCD 码）的数值比较，A_3，A_2，A_1，A_0 和 B_3，B_2，B_1，B_0 为两个 4 位二进制数输入端；有 $F_{A>B}$（大于）、$F_{A=B}$（等于），$F_{A<B}$（小于）3 种比较结果输出。

电路还为级连成更长字的比较器备有级连信号输入端，A>B，A=B，A<B 为三个级联输入，级联时把 3 个引脚与低 4 位比较电路的输出对应连接，并把最低级的 A=B 端加高电平即可。

3．编码器的逻辑设计

任何信息送入数字系统处理都要先转换为与二进制码相对应的电信号，能实现这种转换的电路称为编码器。把离散型信号转换为二进制码时，首先要依据离散信号的个数 N 确定二进制码的最少位数 n，其关系为：$2^{n-1} < N \leqslant 2^n$。

表示十进制数的 BCD 码，$0 \sim 9$ 十个数字最少需用 4 位二进制码。4 位二进制数码有 16 种不同组合状态，表示 $0 \sim 9$ 十个数字只用 10 个组合，而且编码对原信息只是一种表示关系，没有量值关系约束，在 4 位二进制的 16 种组合状态中任选 10 组就可以实现对十进制数的编码。因此，十进制数的 BCD 码有多种形式。能将 10 个数字转换 8421 权码的电路称为 8421 编码器。8421 码是有权码，4 位二进制码从高位至低位，每位的位权值分别为 2^3，2^2，2^1，2^0，即 8，4，2，1。用 8421 码表示十进制的 $0 \sim 9$ 数码，是最常用的方式。

表 3-4 为 8421BCD 编码真值表，其中 I_0，I_1，I_2，I_3，I_4，I_5，I_6，I_7，I_8，I_9 分别为 $0 \sim 9$ 十个数字输入端，B_3，B_2，B_1，B_0 为 4 位编码输出端。

表 3-4　8421BCD 编码真值表

输　　　入	输出 4 位 8421 码			
十进制数	B_3	B_2	B_1	B_0
0（I_0）	0	0	0	0
1（I_1）	0	0	0	1
2（I_2）	0	0	1	0
3（I_3）	0	0	1	1
4（I_4）	0	1	0	0
5（I_5）	0	1	0	1
6（I_6）	0	1	1	0
7（I_7）	0	1	1	1
8（I_8）	0	0	0	0
9（I_9）	1	0	0	1

编码器的表达式：

$$B_3 = I_8 + I_9 = \overline{\overline{I_8} \cdot \overline{I_9}}$$

$$B_2 = I_4 + I_5 + I_6 + I_7 = \overline{\overline{I_4} \cdot \overline{I_5} \cdot \overline{I_6} \cdot \overline{I_7}}$$

$$B_1 = I_2 + I_3 + I_6 + I_7 = \overline{\overline{I_2} \cdot \overline{I_3} \cdot \overline{I_6} \cdot \overline{I_4}}$$

$$B_0 = I_1 + I_3 + I_5 + I_7 + I_9 = \overline{\overline{I_1} \cdot \overline{I_3} \cdot \overline{I_5} \cdot \overline{I_7} \cdot \overline{I_9}}$$

编码器电路可用或非门组成，也可用与非门组成。TTL 系列中的实际产品 74147 为功能较高的 10 线-4 线优先编码器，如图 3-6 所示。

电路的引脚信号分布图见附录 C 中的附表 C-4。对 10 线编码，实际只需输入 9 个信号：$\overline{I_1}$，$\overline{I_2}$，$\overline{I_3}$，$\overline{I_4}$，$\overline{I_5}$，$\overline{I_6}$，$\overline{I_7}$，$\overline{I_8}$，$\overline{I_9}$，均为低电平有效。$\overline{Y_3}$，$\overline{Y_2}$，$\overline{Y_1}$，$\overline{Y_0}$ 为 4 位编码输出，也是低电平有效。

4．译码器的逻辑设计

把二进制码按编码时所赋予的含义进行还原的过程称为译码，能实现译码的电路称为译码器。译码是编码的逆过程。数字系统常用的译码器有二进制译码器、二-十进制译码器、数码显示译码器等。

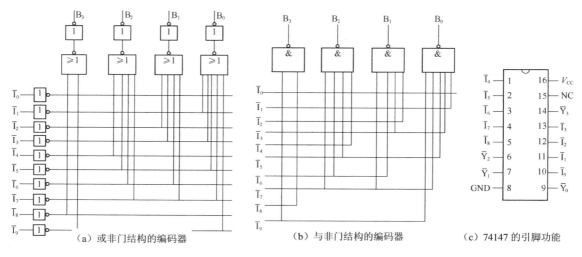

图 3-6   8421BCD 码编码器电路

1）二进制译码器设计

按二进制数大小把二进制码译成有序的对应状态输出的电路称为二进制译码器。二进制译码器是各类译码器的基本电路。

TTL 系列的成品集成电路 74138 就是计算机电路常用的地址译码器。该电路共 6 个输入信号，其中 S_A、$\overline{S}_B$、$\overline{S}_C$ 3 个是使能控制信号，有一个处于无效状态，译码器输出则全部为无效状态；A_2，A_1，A_0 为 3 个译码输入信号。$\overline{Y}_0 \sim \overline{Y}_7$ 是 8 个低电平有效的译码输出信号。当 S_A 为高电平，$\overline{S}_B$ 与 $\overline{S}_C$ 为低电平时，电路为使能状态，其逻辑真值表如表 3-5 所示，为便于表述，用 C、B、A 代替 A_2，A_1，A_0。

表 3-5   74138 逻辑真值表

\multicolumn{6}{c}{输 入}							\multicolumn{8}{c}{输 出}						
S_A	$\overline{S}_B$	$\overline{S}_C$	C	B	A	$\overline{Y}_0$	$\overline{Y}_1$	$\overline{Y}_2$	$\overline{Y}_3$	$\overline{Y}_4$	$\overline{Y}_5$	$\overline{Y}_6$	$\overline{Y}_7$
0	1	1	X	X	X	1	1	1	1	1	1	1	1
1	0	0	0	0	0	0	1	1	1	1	1	1	1
1	0	0	0	0	1	1	0	1	1	1	1	1	1
1	0	0	0	1	0	1	1	0	1	1	1	1	1
1	0	0	0	1	1	1	1	1	0	1	1	1	1
1	0	0	1	0	0	1	1	1	1	0	1	1	1
1	0	0	1	0	1	1	1	1	1	1	0	1	1
1	0	0	1	1	0	1	1	1	1	1	1	0	1
1	0	0	1	1	1	1	1	1	1	1	1	1	0

依据真值表可写出在使能状态下每个输出信号的逻辑表达式：

$$\overline{Y}_0 = \overline{\overline{C}\,\overline{B}\,\overline{A}}$$

$$\overline{Y}_1 = \overline{\overline{C}\,\overline{B}A}$$

$$\overline{Y}_2 = \overline{\overline{C}B\overline{A}}$$

$$\overline{Y}_3 = \overline{\overline{C}BA}$$

$$\overline{Y}_4 = \overline{C\overline{B}\overline{A}}$$

$$\overline{Y}_5 = \overline{C\overline{B}A}$$

$$\overline{Y}_6 = \overline{CB\overline{A}}$$

$$\overline{Y}_7 = \overline{CBA}$$

3 线-8 线译码器（74138 的核心电路）如图 3-7 所示。

74138 引脚功能如图 3-8 所示。

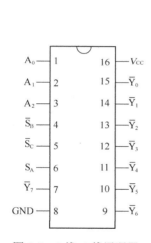

图 3-7　3 线-8 线译码器

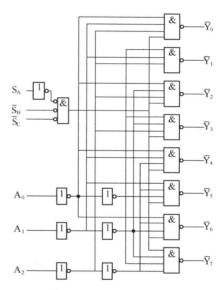

图 3-8　74138 的引脚功能

译码器的输入信号的一个组合状态对应一个输出端有效，所以也称为线路选择器或数据选择器。

2）二-十进制译码器

将二-十进制代码译成 10 个十进制数字的电路称为二-十进制译码器。译码器的输入信号为 4 位二进制代码，输出是与十进制 10 个数字相对应的独立信号。表 3-6 为 8421BCD 译码器真值表。

表 3-6　8421BCD 译码器真值表

输　　入				输　　出									
D	C	B	A	$\overline{Y}_0$	$\overline{Y}_1$	$\overline{Y}_2$	$\overline{Y}_3$	$\overline{Y}_4$	$\overline{Y}_5$	$\overline{Y}_6$	$\overline{Y}_7$	$\overline{Y}_8$	$\overline{Y}_9$
0	0	0	0	0	1	1	1	1	1	1	1	1	1
0	0	0	1	1	0	1	1	1	1	1	1	1	1
0	0	1	0	1	1	0	1	1	1	1	1	1	1
0	0	1	1	1	1	1	0	1	1	1	1	1	1
0	1	0	0	1	1	1	1	0	1	1	1	1	1

输　入				输　出									
D	C	B	A	$\overline{Y_0}$	$\overline{Y_1}$	$\overline{Y_2}$	$\overline{Y_3}$	$\overline{Y_4}$	$\overline{Y_5}$	$\overline{Y_6}$	$\overline{Y_7}$	$\overline{Y_8}$	$\overline{Y_9}$
0	1	0	1	1	1	1	1	1	0	1	1	1	1
0	1	1	0	1	1	1	1	1	1	0	1	1	1
0	1	1	1	1	1	1	1	1	1	1	0	1	1
1	0	0	0	1	1	1	1	1	1	1	1	0	1
1	0	0	1	1	1	1	1	1	1	1	1	1	0

用卡诺图对 10 个输出函数进行化简，如图 3-9 所示。

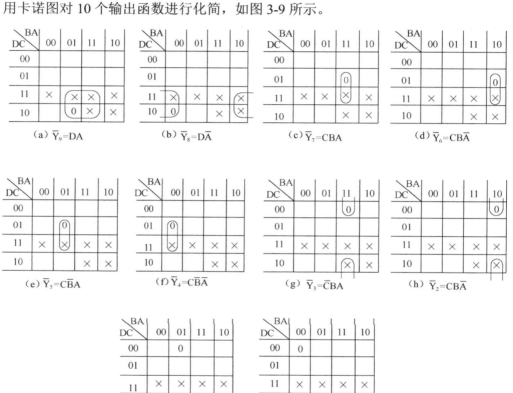

图 3-9　$Y_0 \sim Y_9$ 的化简

再把化简结果转换为与非式：

$$Y_9 = \overline{DA}$$

$$Y_8 = \overline{D\overline{A}}$$

$$Y_7 = \overline{CBA}$$

$$Y_6 = \overline{CB\overline{A}}$$

$$Y_5 = \overline{C\overline{B}A}$$

$$Y_4 = \overline{C\overline{B}\,\overline{A}}$$

$$Y_3 = \overline{\overline{CBA}}$$

$$Y_2 = \overline{\overline{C\overline{B}A}}$$

$$Y_1 = \overline{\overline{D\,C\,\overline{B}\,A}}$$

$$Y_0 = \overline{\overline{D\,C\,\overline{B}\,\overline{A}}}$$

按以上 10 个表达式，绘出译码电路，如图 3-10 所示。

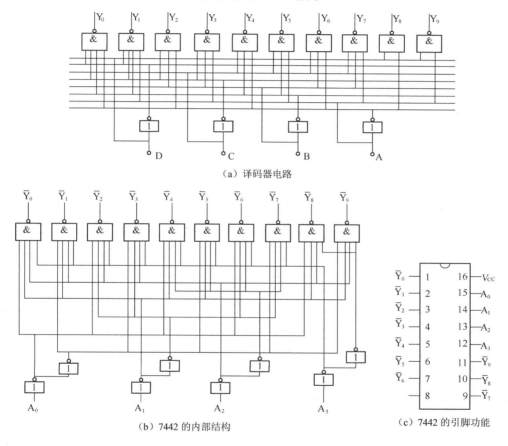

（a）译码器电路

（b）7442 的内部结构

（c）7442 的引脚功能

图 3-10 二-十进制译码器

TTL 系列的 7442 是 8421BCD 码的译码器，有 10 个独立输出端，对应十进制的 10 个数码。输入 4 位 8421BCD 码，输出 1 位十进制数，也叫 4 线-10 线译码器。

3）显示译码器

能直接驱动数码显示器的译码电路称为显示译码器。数码显示器有半导体发光二极管（LED）、荧光管、液晶数码显示屏等多种类型，显示译码器要与显示器类型对应，并有较大输出功率的驱动功能。

LED 构成的七段数码管有共阴极和共阳极两种结构，如图 3-11 所示。

显示电路对共阳极数码管输出低电平时笔画 LED 点亮，表 3-7 为共阳极数码管的显示译码器真值表。

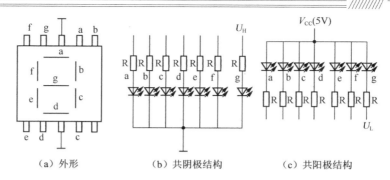

（a）外形　　　　　（b）共阴极结构　　　　　（c）共阳极结构

图 3-11　LED 数码管结构

表 3-7　共阳极数码管的显示译码器真值表

输　入				输　出							字形
D	C	B	A	a	b	c	D	e	f	g	
0	0	0	0	0	0	0	0	0	0	1	0
0	0	0	1	1	0	0	1	1	1	1	1
0	0	1	0	0	0	1	0	0	1	0	2
0	0	1	1	0	0	0	0	1	1	0	3
0	1	0	0	1	0	0	1	1	0	0	4
0	1	0	1	0	1	0	0	1	0	0	5
0	1	1	0	0	1	0	0	0	0	0	6
0	1	1	1	0	0	0	1	1	1	1	7
1	0	0	0	0	0	0	0	0	0	0	8
1	0	0	1	0	0	0	0	1	0	0	9

　　共阴极数码管的显示电路需输出高电平时笔画 LED 点亮，将表 3-7 中输出信号的 0、1 互换，就成为共阴极数码管的示译码器真值表。

　　TTL 系列的 7449（4 线–七段译码器/驱动器）是与共阴极 LED 数码管配合使用的显示驱动电路，其内部电路和引脚功能如图 3-12 所示。

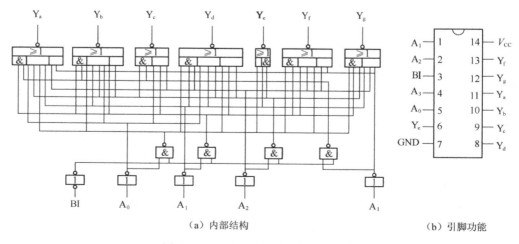

（a）内部结构　　　　　　　　　　　　（b）引脚功能

图 3-12　7449 的内部电路和引脚功能

　　A_3，A_2，A_1，A_0 为译码器输入端，Y_a，Y_b，Y_c，Y_d，Y_e，Y_f，Y_g 为驱动共阴极 LED 数码管输出端，BI 为灭灯信号输入。

三、竞争冒险现象的形成与抑制

竞争冒险分析是组合逻辑电路设计不可缺少的内容。

1．竞争冒险的成因与影响

在实际电路中，由于门电路的传输延迟，使得电路中的信号可能出现瞬间的错误状态组合，导致输出端产生错误信号，在波形上表现为不该出现的窄脉冲（被称为毛刺），会对敏感的后级电路造成干扰，需要采取措施予以消除。这种现象常因一对互反信号在电路传输中再次相遇造成，称为竞争冒险。

对于设计、制作无误的电路，如果电路运行有异常动作时，就应考虑电路中是否存在竞争冒险的因素（也可用示波器检测是否有毛刺类波形）。

2．竞争冒险分析

1）与门形成竞争冒险的情况

图 3-13 所示是导致与门形成竞争冒险现象的典型电路结构及其波形逻辑图中的各类逻辑门器件通常用标注字母 D 和脚码方式区分。

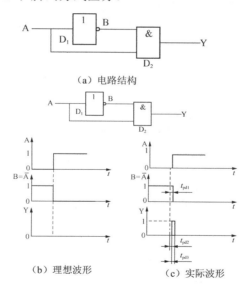

（a）电路结构

（b）理想波形　　（c）实际波形

图 3-13　与门竞争冒险及其波形

按理想的情况：

$$Y = A \cdot B = A \cdot \overline{A} = 0 \tag{3-1}$$

对于表达式 3-1，无论 A 信号是稳定状态还是变化过程中，Y 信号恒为 0，其波形关系如图 3-13（b）所示。实际上，由于非门 G_1 和与门 G_2 对信号传输都有延迟 t_{pd1} 与 t_{pd2}，所以当信号 A 从 0 变为 1 时，信号的波形关系如图 3-13（c）所示，在 Y 信号中出现一个正向脉冲。在 A 信号从 1 变为 0 时，这种异常现象就不会出现。

2）或门形成竞争冒险的情况

图 3-14 所示是导致或门形成竞争冒险现象的典型电路结构及其波形。

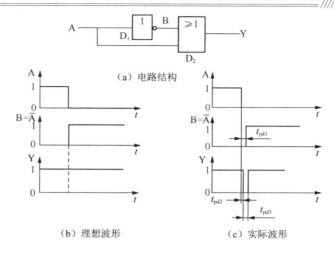

（a）电路结构

（b）理想波形　　　　　　（c）实际波形

图 3-14　或门竞争冒险及其波形

在理想状态下：

$$Y = A + B = A + \overline{A} = 1 \qquad (3\text{-}2)$$

对于表达式（3-2），无论 A 信号处于怎样状态，Y 信号应恒为 1，其波形关系如图 3-14（b）所示。实际上，由于非门 G_1 和或门 G_2 的传输延迟 t_{pd1} 与 t_{pd2} 的存在，当 A 信号从 1 变为 0 时，信号的波形关系如图 3-14（c）所示，在 Y 信号出现一个负向脉冲。A 信号从 0 变为 1 时，不会出现异常现象。

从以上两个典型示例可看出，电路中存在竞争冒险的结构，并不等于一定有毛刺产生，这只是一种可能。如逻辑函数

$$Y = AB + \overline{A}C \qquad (3\text{-}3)$$

表达式（3-3）是一个与或结构的逻辑，其电路如 3-15 所示。

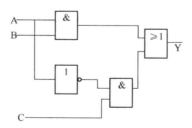

图 3-15　$Y = AB + \overline{A}C$ 的逻辑电路

在 B=C=1 条件下，当 A 信号由 1 变为 0 时，由于 $\overline{A}$ 信号则由 0 变为 1 的延迟，电路中出现或门类型的竞争冒险现象，使输出波形中出现负脉冲毛刺。

3．消除竞争冒险的措施

消除竞争冒险的简单有效措施有以下三种。

1）引入封锁脉冲

对于表达式（3-3）这类含有与或结构的逻辑电路，可利用逻辑电路内部形成竞争冒险的条件的相关变量 B、C 形成封锁脉冲，如图 3-16（a）所示。

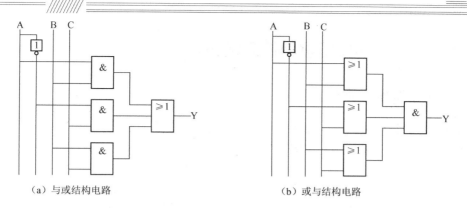

（a）与或结构电路　　　　　　　　　　（b）或与结构电路

图 3-16　封锁脉冲的形成

若电路中含类如：

$$Y = (A + B)(\overline{A} + C) \tag{3-4}$$

或与式结构，可用如图 3-16（b）所示的方式形成封锁脉冲。

2）插入缓冲器，调整信号延迟时间

造成竞争冒险的根本原因，是电路中的非门使一对互补信号产生传输时间差。TTL 产品的 74265 是 4 种互补输出的逻辑门电路（如图 3-17 所示），有避免竞争冒险现象的作用。

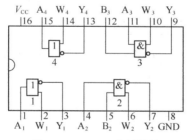

图 3-17　74265 内部结构

3）使用滤波电容

对于不具备形成封锁脉冲条件的电路，可在电路的输出端接入电容 C_f，如图 3-18 所示。该电容与电路的输出电阻 R_o（R_o 不能在图中表示出来）构成 RC 积分滤波器。当滤波器的时间常数

$$\tau = R_o C_f \gg t_{pd} \tag{3-5}$$

时，就可以有效消除尖峰脉冲的干扰。

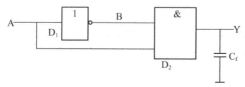

图 3-18　用电容消除竞争冒险

在输出端接入电容的方法最简单，但会导致输出波形的边缘变差，电容量不宜过大，在波形要求严格的电路中是不可用的。

第2节 组合逻辑电路的识图常识

一、逻辑电路图的识读

逻辑电路图由各种逻辑符号连接构成，每个逻辑符号都是说明输入、输出信号有效状态及其逻辑关系的图形语言。对于逻辑符号的使用和理解也有不同方式。这里介绍几点识读逻辑图的常识。用图形符号直观说明各部位输入、输出有效电平。

第1、2章介绍的都是正逻辑符号。在实用逻辑图中，常在输入、输出信号高电平有效的部位用正逻辑符号，在输入、输出信号低电平有效的部位用负逻辑符号，还常给表示信号的字母加反号。

在第1章介绍摩根定理时，看到共存于同一个基本逻辑真值表的正函数和反函数，也就是同一个基本逻辑对应正、负两个逻辑符号，如表3-8至表3-12所示。

表3-8 与逻辑真值表及正、负逻辑符号

AB	Y	输入、输出的逻辑关系	逻辑属性	逻辑符号
00	0			
01	0	只要输入有0，输出即为0	负或逻辑（正与逻辑的反函数）	≥1
10	0			
11	1	只有输入全为1，输出才为1	正与逻辑	&

表3-9 或逻辑真值表及正、负逻辑符号

AB	Y	输入、输出的逻辑关系	逻辑属性	逻辑符号
00	0	只有输入全0，输出才为0	负与逻辑（正或逻辑的反函数）	&
01	1			
10	1	只要输入有1，输出即为1	正或逻辑	≥1
11	1			

表3-10 非逻辑真值表及正、负逻辑符号

A	Y	输入、输出的逻辑关系	逻辑属性	逻辑符号
0	1	0入1出	负非逻辑（正函数）	1
1	0	1入0出	正非逻辑（反函数）	1

与非和或非也有对应的负逻辑。

表3-11 与非逻辑真值表及正、负逻辑符号

AB	Y	输入、输出的逻辑关系	逻辑属性	逻辑符号
00	1			
01	1	只要输入有0，输出即为1	负或非逻辑（正与非逻辑的反函数）	≥1
10	1			
11	0	只有输入全为1，输出才为0	正与非逻辑	&

表 3-12　或非逻辑真值表及正、负逻辑符号

AB	Y	输入、输出的逻辑关系	逻辑属性	逻辑符号
00	1	只有输入全 0，输出才为 1	负与非逻辑（正或非逻辑的反函数）	&（符号）
01	0	只要输入有 1，输出即为 0	正或非逻辑	≥1（符号）
10	0			
11	0			

在逻辑图中负逻辑符号对说明 0 有效信号很直观，但用表达式表述却容易造成混乱，为此有统一约定：①各种基本逻辑门电路产品都按正逻辑命名；②在教材中，如果没有正、负逻辑说明，都用正逻辑语言表述逻辑。如对表达式：

$$\overline{A+B}=\overline{A}\cdot\overline{B}$$

应表述为"或非等于变量变反相与"，而不说成"或非等于负与"。由逻辑图转换为表达式时，要把负逻辑符号换为相应的正逻辑符号，才能和电路所用实物对应。

在数字集成电路成品的内部结构以及实用电路中，表示低电平有效的负逻辑符号是常见的，图 3-19 是一例实用逻辑图。

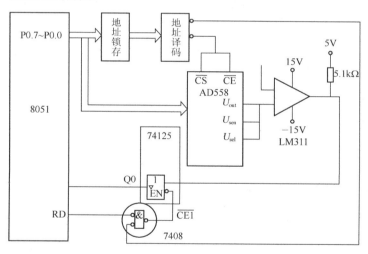

图 3-19　负逻辑符号使用实例

图中圈内的逻辑符号表示电路要求输入、输出信号都为低电平有效，并按"与逻辑"规律组合变换。对照表 3-8 可知，该处实际是一个正或门。

遇到上述这些负逻辑符号时，要将其更换为相应的正逻辑符号，才能使逻辑图与实际电路器件对应。

二、OC 门、三态门及成品组合逻辑电路的应用实例

1. OC 门的应用实例

图 3-20 所示为 OC 驱动门（7407）的"线与"应用实例。

7407 的驱动门在电路中起隔离和同相传输作用，接在 8031 单片机 INT1 信号输入端（13脚）的 4 个驱动门由线路连接方式构成"线与"（即这样接线具有与逻辑功能），为 8031 的

INT1 端扩展了多个外中断源。

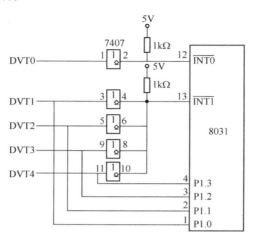

图 3-20　为 8031 扩展多个外中断源

2. 三态门的使用实例

图 3-21 所示是一个为单片机 8031 扩展串行 E^2PROM（电擦除式的可编程只读存储器 59308）电路，其中含有三态传输门的应用。

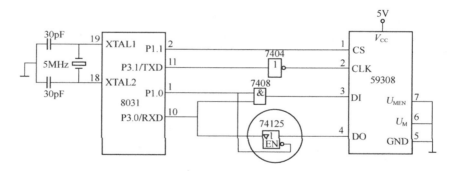

图 3-21　8031 扩展串行 E^2PROM 的电路

电路中 8031 由 P1.1 输出高电平直送 59308 的 CS（片选信号）输入端，用串行口的发送端（TXD）为 E^2PROM 芯片 59308 发送时钟信号（CLK），为满足 59308 的时序要求信号须经非门（7404）倒相。8031 的串行输出、输入都由 P3.0（RXD）端执行，用与门（7408）和三态门（74125）作串行数据的可控收、发，P1.0 作收发控制端。P1.0=0 时，与门被封锁、三态门打开、8031 接收 59308DO（数据输出端）发出的数据；P1.0=1 时，与门打开、三态门为高阻态、8031 发送数据到 59308 的 DI（数据输入端）。

3. 成品组合逻辑电路的使用一例

图 3-22 所示电路是以组合逻辑成品电路 74367 为接口的键盘电路以及 74367 芯片。

74367 为三态 6 同相传输门，三态门的控制信号由地址译码器提供（低电平有效）。当把这个键盘的地址（设计时分配给这个键盘的地址）送入地址译码器时，74367 从译码器得到低电平，开启传输门，把键盘操作的 6 位数据送到数据总线上。

74367 芯片为 16 引脚的双列直插封装的电路，除电源和地线外，有 6 个输入信号、6 个输出信号，同相传输。6 个传输门同时使用，三态门的控制信号取自译码器的同一输出端，有效电平都是低电平，可直接连接，不用插入逻辑转换。

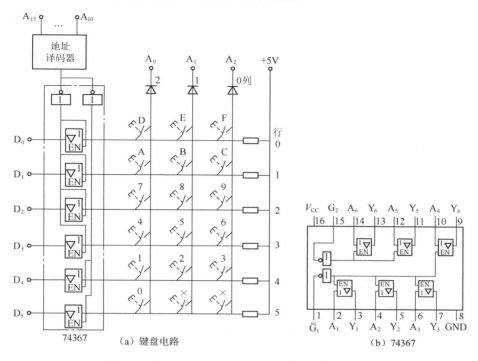

图 3-22　以 74367 为接口的键盘电路和 74367 芯片

三、普通逻辑门做控制门使用

多输入端的逻辑门的逻辑功能也可以理解为一种控制关系。

1. 与逻辑门的禁止/选通控制功能

由与逻辑的运算法则：

$$A \cdot 0 = 0$$
$$A \cdot 1 = A$$

可以看出，与逻辑门的一个输入端的 0 可以禁止（屏蔽）其他输入端 1 信号的通过，而这个输入端的 1 可以对另一输入端 1 信号进行采样或选通控制（采样或选通后的信号若需倒相，可用与非门）。与门的选通/禁止和采样功能如图 3-23 所示。

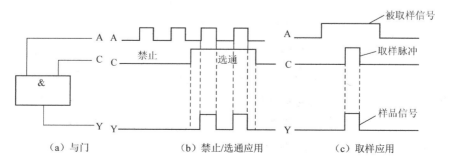

图 3-23　与门当做控制门使用

2．或逻辑门的禁止/选通控制功能

由或逻辑的运算法则：

$$A + 1 = 1$$
$$A + 0 = A$$

说明或门的一个输入端的 1 可以屏蔽其他输入端信号，0 使或门打开。或门的一个输入端的 1 可以禁止其他输入端 0 信号的通过，而这个输入端的 0 可以对其他输入端 0 信号给以采样或选通控制（采样或选通后的信号若需倒相，可用或非门）。或门的选通/禁止和采样功能如图 3-24 所示。

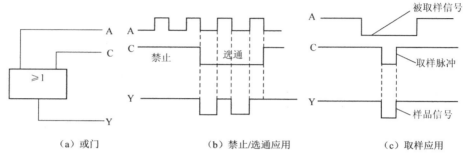

（a）或门　　　　　　　（b）禁止/选通应用　　　　　　　（c）取样应用

图 3-24　或门当做控制门使用

图 3-25 所示为控制汽车行车信号灯的组合逻辑电路，是与、或两种逻辑门的控制功能使用实例。

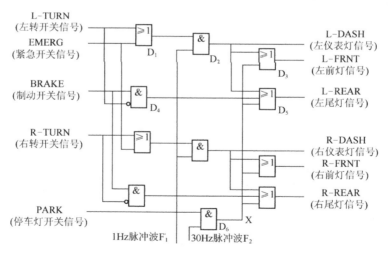

图 3-25　车灯控制组合逻辑电路

电路共有 7 个输入信号，F_1（1Hz）控制信号灯做眨眼式低频闪动，F_2（30Hz）控制信号灯做高频率闪动，其他信号为控制信号。这是一个对 F_1、F_2 两信号的选择/分配的组合型控制电路。电路的 4 个车外信号灯和 2 个车内仪表灯，需要有 6 个输出信号。输入输出信号都是高电平有效。6 个灯的动作要求如表 3-13 所示。

表 3-13 6 个灯的动作要求

汽车动作		仪表灯	L 前灯	L 后灯	R 前灯	R 后灯	灯亮特点
转弯	L	亮	亮	亮			按 F_1 频率做眨眼式闪动
	R	亮			亮	亮	
紧急		亮	亮	亮	亮	亮	按 F_1 频率做眨眼式闪动
制动				亮		亮	不闪动
停车			亮	亮	亮	亮	按 F_2 频率做快速闪动

左、右两侧车外信号灯和仪表灯的控制方式相同，制动刹车时双侧后灯亮（不闪动），停车信号是前后左右 4 个灯同时高频闪动。

或门 1 是转向开关信号和紧急开关信号的混合门，两个信号只要有一个有效（高电平），或门 1 就输出 1。

与门 1 是对闪动信号 F_1 的控制门，F_1 信号常在，或门 1 的输出为 0 时，与门 1 禁止 F_1 信号通过；或门 1 的输出为 1 时，F_1 信号通过与门 1，使 1Hz 信号输出使灯闪动发光。与门 1 输出的信号直接控制仪表灯，同时还送到或门 2、3，实现对前灯、尾灯的控制。所以，前灯、尾灯和仪表灯在转向、紧急两个状态下做相同的低频闪动。

与门 2 是制动信号的控制门，制动时左、右尾灯要同时亮（不闪动）。制动可在紧急状态下发生，但不会在转弯时发生，所以制动开关信号受到左、右转向开关信号有效状态的封闭。与门 2 的输出信号送入或门 3，实现对尾灯的驱动。

夜间中途停车，要警示前后靠近的车辆。与门 3 是利用停车信号选通 F_2 信号，PARK（停车灯开关信号）为 0 时 F_2 被禁止，PARK（停车灯开关信号）为 1 时 F_2 通过与门 3 送到或门 3 驱动尾灯做高频闪亮。

6 个输出信号的逻辑关系是：

设：停车信号 $X = PARK \cdot F_2$

$L\text{-}DASH = (L\text{-}TURN + EMERG) \cdot F_1$

$L\text{-}FRNT = L\text{-}DASH + X$

$L\text{-}REAR = L\text{-}DASH + BRAKE \cdot \overline{L - TURN} + X$

$R\text{-}DASH = (R\text{-}TURN + EMERG) \cdot F_1$

$R\text{-}FRNT = R\text{-}DASH + X$

$R\text{-}REAR = R\text{-}DASH + BRAKE \cdot \overline{R - TURN} + X$

组合逻辑的成品电路中的数据选择器和分配器也是与门、或门的控制功能的实际应用。

用 N 位数字信号的二进制译码器可以生成 2^N 个独立信号控制数据分配，也可以在 2^N 个信号中进行选择，这就是数据分配器和数据选择器的结构原理。

如图 3-26 所示为一个输入信号、4 个输出信号的 4 端数据分配器，B、A 为两个分配控制信号。

从电路结构可以看出它的结构是一个 2-4 译码器，再配合与门的禁止/选通控制功能，A、B 两信号的 4 种状态组合分别开启 4 个与门，它的功能表如表 3-14 所示。

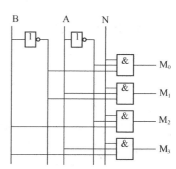

图 3-26 4 输出端数据分配器

表 3-14　数据分配器功能真值表

B　A	功　能
0　0	$M_0=N$
0　1	$M_1=N$
1　0	$M_2=N$
1　1	$M_3=N$

如果在分配器的输出端配置 CMOS 的传输门，还可以用于模拟信号的分配。

按照分配器的原理，还可以在译码器的基础上构制出数据选择器。图 3-27 为一个 4 选 1 的数据选择器，B、A 为两个选择控制信号。

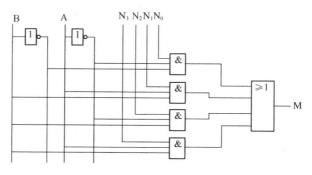

图 3-27　4 选 1 数据选择器

电路利用 2-4 译码器控制对信号的选择，又使用或门将 4 路信号汇合到输出电路中。它的功能真值表如表 3-15 所示。

表 3-15　数据选择器功能真值表

B　A	功能
0　0	$M=N_0$
0　1	$M=N_1$
1　0	$M=N_2$
1　1	$M=N_3$

TTL 系列 74153 为含有两个 4 选 1 数据选择器的电路产品。

3．异或门的功能转换控制

按照异或逻辑的运算法则：

$$A \oplus 1 = \overline{A}$$
$$A \oplus 0 = A$$

用异或门的一个输入端作为功能转换控制信号，1 可使异或门变为反相器，0 则使它变为同相传输器。异或门的功能转换如图 3-28 所示。

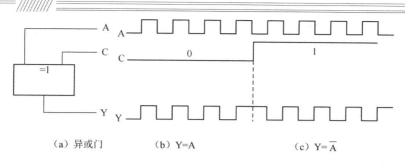

（a）异或门　　　　　（b）Y=A　　　　　　（c）Y=$\overline{A}$

图 3-28　异或门的功能转换

74135 就是利用异或门的这种特性制作的"异或/异或非"可变换功能的基本门电路产品。如图 3-29 所示为 7486 的应用实例。

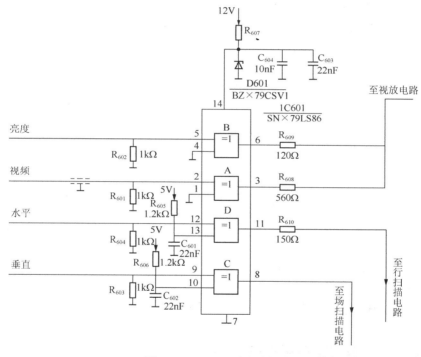

图 3-29　74LS86 应用实例

图中 74LS86 的 A、B 两个异或门用一个输入端接地，使异或门转换为同相传输门，传输亮度信号和视频信号；C、D 两个异或门用一个输入端经隔离电阻接电源（配有电容滤除干扰），使异或门转换为反相器，将水平同步信号和垂直同步信号倒相。

 本章小结

　　(1) 组合逻辑电路的本质特点是无记忆性。任一时刻输出信号状态只取决于该时刻输入信号状态组合，与电路原状态无关。在电路结构上不含任何信号回授。基本逻辑门是最简单的组合电路。

　　(2) 在集成数字电路系列中有种类齐全的逻辑门及典型功能的组合电路产品可供选用，在制作数字电路时应按功能首选成品电路，没有现成产品的电路才是需要设计与制作的。

（3）用逻辑门设计组合电路时，通常有着眼逻辑要求、着眼信号有效电平要求、着眼信号之间的控制关系三种思路方式。

习题 3

3.1　组合逻辑电路在逻辑功能和电路结构组成两方面有何特点？

3.2　设计一个一位二进制减法器。A 为被减数；B 为减数；J 为低位借位；H 为向高位的借位；Z 为本位差值。

3.3　设计一个 3 人仲裁电路。A 为主裁，B 与 C 为副裁，主裁和一名以上（含一名）副裁同时认可或两名副裁同时认可才有效。

3.4　设计一个对 4 位二进制代码进行奇偶校验的电路。规定 4 位代码中 1 的个数为奇数时输出 1；偶数时输出 0。

3.5　分析图 3-30 所示电路的功能。

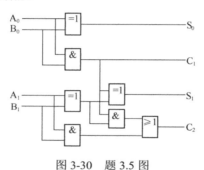

图 3-30　题 3.5 图

3.6　设计一个数据选择器。A 与 B 为选择信号，X_3，X_2，X_1，X_0 为数据信号，Y 为输出。$Y = ABX_3 + ABX_2 + ABX_1 + ABX_0$ 画出逻辑图。

3.7　判断 $Y = \overline{A}B + \overline{B}C$ 在什么条件下会产生竞争冒险，如何清除？

实验 3：组合电路测试与制作

一、实验目的

（1）熟练掌握逻辑门电路功能变换与测试电路逻辑关系。

（2）熟悉编码、译码电路原理与结构，验证编码、译码逻辑功能。

（3）了解显示器电路组成。

二、实验准备

（1）芯片：7400（2 输入 4 与非门）1 片、7420（4 输入双与非门）3 片、7430（8 输入端与非门）1 片、7442（四线-十线译码器）1 片、7447（七段显示译码器）1 片。

（2）元件：半导体发光数码管（共阴极）1 只。

（3）实验设备：本书第 1、2 章两章制作的实验装置（含显示器或万用表）。

三、实验操作方法

（1）组合逻辑电路的特性和门电路相同，都是即时的，实验的输入信号同样可以用机械开关提供。

（2）组合逻辑电路的实验与第 2 章门电路功能测试的操作方法相同，先列出逻辑真值表，再按真值表中的输入信号组合逻辑值分组输入，检测电路各输出端的状态，给予记录。最后按实验要求写出表达式、画出逻辑波形图。

（3）依据实验电路需要增加逻辑输入装置的数量。

四、验证性实验内容

1. 验证 8421BCD 译码器（7442）功能实验

（1）将 8421BCD 译码器 7442 芯片插在实验面包板中央，按图 3-31 进行接线。

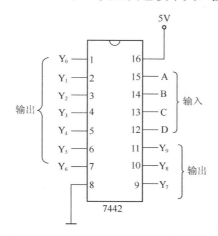

图 3-31　8421BCD 译码器功能测试接线

（2）按表 3-16 所列的 10 组输入值，依次为 7442 输入 0000～1001，同时用万用表或 0-1 显示器检查该片各输出端状态值，填入表 3-16 中。

表 3-16　8421BCD 译码器 7442 真值表

输　　入				输　　　　出									
D	C	B	A	Y_0	Y_1	Y_2	Y_3	Y_4	Y_5	Y_6	Y_7	Y_8	Y_9
0	0	0	0										
0	0	0	1										
0	0	1	0										
0	0	1	1										
0	1	0	0										
0	1	0	1										
0	1	1	0										
0	1	1	1										
1	0	0	0										
1	0	0	1										

2．显示译码器实验

（1）按图 3-32 进行连线。

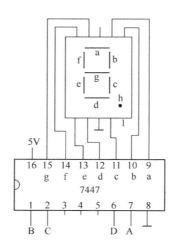

图 3-32   显示码译码器电路实验接线

（2）用逻辑开关为 7447 依次输入 0000～1001，观察数码管显示字型是否正确。

3．与非门的禁止/选通实验

禁止/选通门的逻辑表达式为：

$$Y = \overline{AB} \quad （B 为禁止/选通控制信号）$$

（1）用与非门 7400 的第 1 个与非门，其电路构成和连线方式如图 3-33 所示。

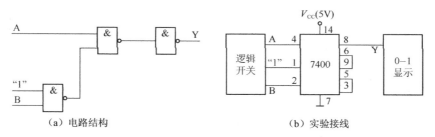

（a）电路结构   （b）实验接线

图 3-33   与非门的禁止/选通功能实验接线

（2）按表 3-17 所列输入状态顺序进行实验，并把实验结果填入该表，按表内数据对应关系写出表达式。

表 3-17   禁止门真值表

输　　入		输　　出
B	A	Y
0	0	
0	1	
1	0	
1	1	

五、制作实验内容

1. 表决电路

（1）用两片 7420 按图 3-34 连线，其中 I、II 分别表示第一、第二片 7420。

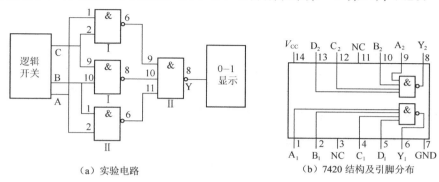

（a）实验电路　　　　　　（b）7420 结构及引脚分布

图 3-34　表决实验电路和 7420

（2）按电路连接方式写出表决电路的表达式。

（3）按表 3-18 所列输入状态进行实验，把实验结果填入该表，并按数据关系写出表达式、化简、与前式对照。

表 3-18　表决电路真值表

输　　　入			输　　出
A	B	C	Y
0	0	0	
0	0	1	
0	1	0	
0	1	1	
1	0	0	
1	0	1	
1	1	0	
1	1	1	

2. 半加器电路

（1）用 3 块 74LS20 按图 3-35 连线构成半加器（只能实现本位加法，不考虑低位进位的加法器为半加器）。

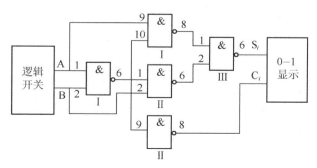

图 3-35　半加器电路接线图

（2）按半加器真值表（表 3-19）进行实验，把实验结果填入表中，核对其加法功能。

表 3-19　半加器真值表

输　　入		输　　出	
A	B	S_i	C_i
0	0		
0	1		
1	0		
1	1		

（3）按图 3-35 分别写出 S_i 和 C_i 的逻辑表达式。

3．制作一个 8421 BCD 编码器

（1）用 7400，7420，7430 集成芯片按图 3-36 所示电路进行连线。

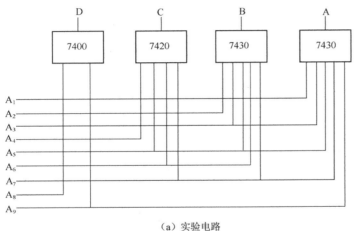

（a）实验电路　　　　　　　　（b）7430 结构及引脚分布

图 3-36　制作 8421BCD 编码器接线和 7430

（2）用逻辑输入装置给编码器的输入端 $A_1 \sim A_9$ 依次输入"1"，并用万用表或显示器检测 4 位编码输出端的状态，将检测结果填入表 3-20 中。

表 3-20　8421BCD 编码器真值表

输　　入	输　　出			
	D	C	B	A
$A_1 = 1$				
$A_2 = 1$				
$A_3 = 1$				
$A_4 = 1$				
$A_5 = 1$				
$A_6 = 1$				
$A_7 = 1$				
$A_8 = 1$				
$A_9 = 1$				

（3）在教材中找到与本实验所用电路相同的逻辑图，并指出电路对输入信号的电平要求。

4．制作并分析图 3-37 所示电路的功能

使用 7420（双与非门电路）按图 3-37 连出电路，并进行实验。把电路逻辑与实验结果进行对照。确定 A、B 为何种状态输入时 Y=1？

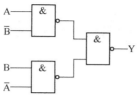

图 3-37　实验电路

第4章

时序逻辑电路的设计与分析

如果一个数字逻辑电路的稳态输出，不仅取决于当时输入信号的状态组合，而且还与电路原来输出状态有关，就称为时序逻辑电路，简称时序电路。时序电路对原输出状态的记忆功能是靠触发器实现的，触发器是最基本、最简单的时序逻辑电路。

第1节　时序电路的记忆单元——触发器

触发器是具有记忆功能的基本单元，是构成时序逻辑电路的主体。在理论上触发器应设有两个互补输出端：Q、$\overline{Q}$（实用中可按需要选其中一个），以 Q 端的状态代表触发器的状态，$Q=1$ 为触发器的 1 态，$Q=0$ 为触发器的 0 态。若两个输出端出现同时为 1 或同时为 0 的状态时，则称为触发器的异常（不确定）状态，是不允许出现（应该约束）的状态。

为表述触发器输出状态的时序性变化，常用 Q^n 表示其当前状态（现态），Q^{n+1} 表示下一个状态（次态）。触发器的次态 Q^{n+1} 由输入信号和现态 Q^n 之间的逻辑关系决定，体现触发器的功能。具有确定逻辑功能的触发器共有 5 种，表述触发器逻辑功能的表达式称为触发器的特性方程（就是触发器的逻辑功能表达式），如表 4-1 所示。

表 4-1　5 种触发器的逻辑功能表

项目	名称	R-S	D	J-K	T	T'
功能	置0	√	√	√		
	置1	√	√	√		
	保持	√		√	√	
	翻转			√	√	√
特性方程		$Q^{n+1} = \overline{R}Q^n + S$ $RS = 0$（约束式）	$Q^{n+1} = D$	$Q^{n+1} = J\overline{Q^n} + \overline{K}Q^n$	$Q^{n+1} = T \oplus Q^n$	$Q^{n+1} = \overline{Q^n}$

说明："√"符号表示触发器具有该项功能。R-S、D、J-K、T 四种触发器分别以输入信号命名，T'触发器特殊。

一、基本 R-S 触发器

触发器的记忆原理是把输出信号引回输入端，形成信号反馈，使电路中构成自锁定功能。基本 R-S 触发器是结构最简单的触发器，又是构成各类触发器的基本单元。

1. 输入信号高电平有效的基本 R-S 触发器

输入信号高电平有效的基本 R-S 触发器需用或非门构成。对于或非门，1 信号的作用强于 0 信号，所以或非门结构的基本 R-S 触发器以输入信号的 1（高电平）状态为有效态，0（低电平）状态为无效态。

1）逻辑真值表和特性方程

在触发器的电路中，输出信号的现态 Q^n 相对次态 Q^{n+1} 成为输入信号。输入信号高电平有效的基本 R-S 触发器的逻辑真值表如表 4-2 所示。

用卡诺图对或非门 R-S 触发器的逻辑进行化简，如图 4-1 所示。

表 4-2　高电平有效的基本 R-S 触发器逻辑功能真值表

输入信号			输出信号
Q^n	R	S	Q^{n+1}
0	0	0	0
0	0	1	1
0	1	0	0
0	1	1	×（不定）
1	0	0	1
1	0	1	1
1	1	0	0
1	1	1	×（不定）

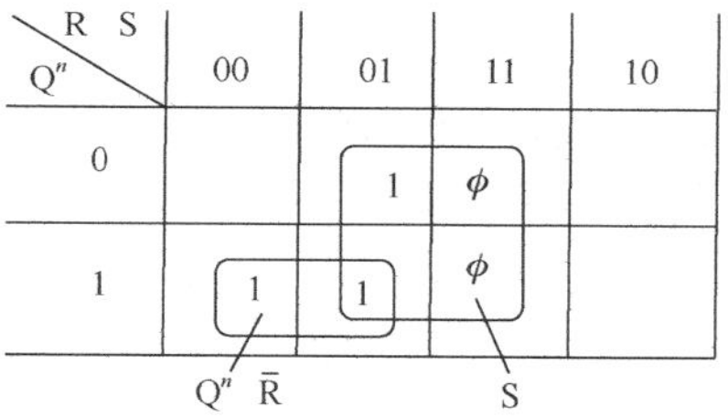

图 4-1　或非门基本 R-S 触发器逻辑化简

化简后得出输入信号高电平有效触发器的特性方程：

$$Q^{n+1} = \overline{R}Q^n + S \tag{4-1}$$
$$RS = 0$$

$RS = 0$ 是约束表达式，约束 R、S 不能同时为 1。

对表达式（4-1）两边同时取反，并把右边变为或非结构：

$$\overline{Q^{n+1}} = \overline{R + \overline{\overline{Q^n}} + S} \tag{4-2}$$

按表达式（4-2）构造触发器如图 4-2（a）所示，图 4-2（b）为常规画法，图 4-2（c）为触发器的图形符号。触发器的图形符号用矩形方框表示，方框中用触发器名称字母或 FF 做标识。

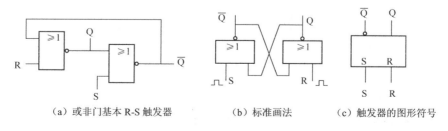

（a）或非门基本 R-S 触发器　　（b）标准画法　　（c）触发器的图形符号

图 4-2　或非门基本 R-S 触发器电路、标准画法

2）功能分析

或非门的输入、输出规律是"输入有 1、输出为 0；输入全 0、输出为 1"，一个输入端

的 1 可屏蔽其他输入端的 0。所以由或非门构成的基本 R-S 触发器功能如下：

R=1（有效态）、S=0（无效态）时，无论触发器的现态 Q^n 为何值，次态都为 0，$Q^{n+1}=0$，称为触发器置 0（也称复位 RESET）。

R=0（无效态）、S=1（有效态）时，无论触发器的现态 Q^n 为何值，次态都为 1，$Q^{n+1}=1$，称为触发器置 1（又叫置位 SET）。

R=0，S=0（两信号都无效）时，两个与非门相互锁定，保持触发器的原来状态，$Q^{n+1}=Q^n$，称为触发器的保持态。

R=1，S=1（两个信号都有效）时，两个与非门输出都为 1，为异常的不定态。显然这种情况是不允许出现的，在使用中要注意约束。

综上所述，可得出或非门基本 R-S 触发器的逻辑功能表，如表 4-3 所示。

3）逻辑波形图

触发器的逻辑功能也可以用输入、输出信号的时序波形图的对应关系表示。图 4-3 所示为与非门基本 R-S 触发器的一例波形图，设触发器初态 $Q^n=0$。

表 4-3　或非门结构 R-S 触发器的逻辑功能

RS	逻辑功能
00	保持（$Q^{n+1}=Q^n$）
01	置 1（$Q^{n+1}=1$）
10	置 0（$Q^{n+1}=0$）
11	不定态

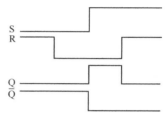

图 4-3　或非结构 R-S 触发器的波形图

4）实际产品

实际产品中的 CC4044B 就是或非门构成的基本 R-S 触发器，CC4044B 的内部结构如图 4-4 所示。CC4044B 采用单端三态输出，由芯片的⑤脚 E（使能信号、允许信号）控制。

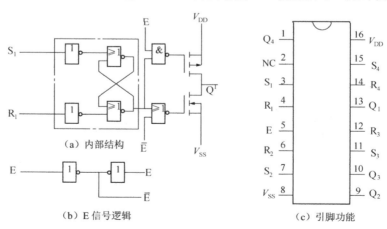

（a）内部结构

（b）E 信号逻辑

（c）引脚功能

图 4-4　CC4044B 的单元电路

电路的核心虽是或非门基本 R-S 触发器，但输入端有非门倒相，所以输入信号为低电平有效。

2. 输入信号为低电平有效的基本 R-S 触发器

在实用中，常用给字母加反号的方式表示该信号低电平有效。所以用 $\overline{R}$、$\overline{S}$ 表示触发器的两个低电平有效的输入信号。

按基本 R-S 触发器应具备的功能列出它的全状态真值表（如表 4-4 所示）。在触发器的电路中，触发器的现态 Q^n 相对次态 Q^{n+1} 成为输入信号，参与决定触发器的输出次态 Q^{n+1}。

按真值表所列输入输出状态值进行逻辑化简，如图 4-5 所示。真值表中有两个不允许出现的约束状态，充分利用约束项，可把表达式化到更简。

表 4-4　输入信号为低电平有效的基本
　　　R-S 触发器的全状态真值表

输入信号			输出信号
Q^n	$\overline{R}$	$\overline{S}$	Q^{n+1}
0	0	0	×
0	0	1	0
0	1	0	1
0	1	1	0
1	0	0	×
1	0	1	0
1	1	0	1
1	1	1	1

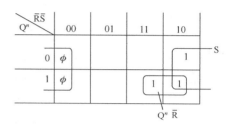

图 4-5　与非结构 R-S 触发器的逻辑化简

根据化简结果，得出与非门基本 R-S 触发器的特性方程：

$$\begin{cases} Q^{n+1} = \overline{R}Q^n + \overline{\overline{S}} \\ \overline{R} + \overline{S} = 1 \end{cases} \tag{4-3}$$

$\overline{R} + \overline{S} = 1$ 为约束表达式，约束 $\overline{R}$ 、$\overline{S}$ 不能同时为 0。

输入信号低电平有效的基本 R-S 触发器要用与非门构成，应用摩根定律把 4-3 式中主式进行变换：

$$Q^{n+1} = \overline{\overline{\overline{R}Q^n}\,\overline{S}} \tag{4-4}$$

按 4-4 式构造与非结构的触发器，如图 4-6（a）所示。图 4-6（b）为与非门结构的基本 R-S 触发器常规画法。

图 4-6（c）为与非门结构的基本 R-S 触发器图形符号，图中给输入信号线上加小圆圈，表示该信号为低电平有效。

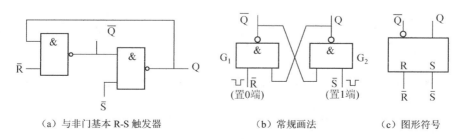

（a）与非门基本 R-S 触发器　　　（b）常规画法　　　（c）图形符号

图 4-6　与非结构的基本 R-S 触发器

1）功能分析

输入信号为低电平有效的基本 R-S 触发器用两个与非门构成。对于与非门，输入、输出规律是"输入有 0、输出为 1；输入全 1、输出为 0"，一个输入端的 0 可屏蔽其他输入端的 1。所以与非门结构的基本 R-S 触发器以输入信号的 0 状态为有效态，1 为无效态。与非门的特性决定图 4-6（b）的结构具有下述功能：

$\overline{R}=0$（有效态）、$\overline{S}=1$（无效态）时，无论触发器的现态 Q^n 为何值，次态都为 0，$Q^{n+1}=0$，称为触发器置 0（也称复位 RESET）。

$\overline{R}=1$（无效态）、$\overline{S}=0$（有效态）时，无论触发器的现态 Q^n 为何值，次态都为 1，$Q^{n+1}=1$，称为触发器置 1（又叫置位 SET）。

$\overline{R}=1$，$\overline{S}=1$（两信号都无效）时，两个与非门相互锁定，保持触发器的原来状态，$Q^{n+1}=Q^n$，称为触发器的保持态。

$\overline{R}=0$，$\overline{S}=0$（两个信号都有效）时，两个与非门输出都为 1，为异常的不定态。显然这种情况是不允许出现的，在使用中要注意进行约束。

综上所述，可得出与非门基本 R-S 触发器的逻辑功能表，如表 4-5 所示。

表 4-5　与非门结构 R-S 触发器的逻辑功能表

$\overline{R}$　$\overline{S}$	逻辑功能
0　0	不定态
0　1	置 0（$Q^{n+1}=0$）
1　0	置 1（$Q^{n+1}=1$）
1　1	保持（$Q^{n+1}=Q^n$）

2）逻辑波形图

触发器的逻辑功能也可以用输入、输出信号的时序波形图的对应关系表示。图 4-7 所示为与非门基本 R-S 触发器的一例波形图，设触发器初态 $Q^n=0$。

3）实际电路

在 TTL 系列中唯一的 R-S 触发器产品是 74279（4 个 R-S 结构的锁存器），它的结构和引脚分布如图 4-8 所示。

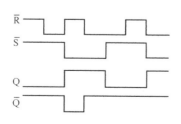

图 4-7　与非结构 R-S 触发器的波形图

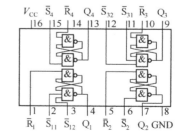

图 4-8　74279 内部结构和引脚分布

CMOS 系列产品中的 4043B 是由 4 个与非门基本 R-S 触发器组成的锁存器集成电路，其内部结构如图 4-9 所示。

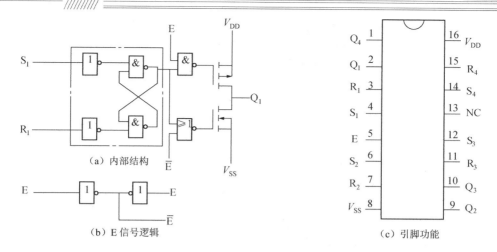

图 4-9　4043B 的单元电路

CC4043B 采用单端三态输出，由芯片的⑤脚 E（使能信号、允许信号）控制。电路的核心是与非门结构，输入信号有非门倒相，有效信号为高电平。

二、D 触发器和 J-K 触发器

1．D 触发器

D 触发器的输入信号只有 1 个，名称为 D。D 触发器是用基本 R-S 触发器附加转换逻辑实现的。触发器的逻辑功能如表 4-6 所示。

D 触发器的功能简单，可用或非门 R-S 触发器添加 1 个非门即可实现功能转换，如图 4-10（a）所示。数字集成电路中有多种 D 触发器产品，实用逻辑图中只用 D 触发器的逻辑符号 [如图 4-10（b）所示]，不用顾及触发器的内部结构。

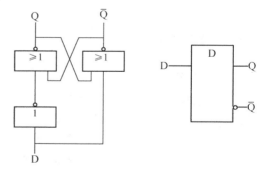

表 4-6　D 触发器逻辑功能表

D	逻辑功能
0	置 0（$Q^{n+1}=0$）
1	置 1（$Q^{n+1}=1$）

（a）D 触发器　　　　（b）D 触发器符号

图 4-10　D 触发器构成及符号

将 S=D、R = $\overline{D}$ 代入式 4-1，得出 D 触发器的特性方程：

$$Q^{n+1} = D \tag{4-5}$$

2．J-K 触发器

J-K 触发器是全功能型触发器，其逻辑功能如表 4-7 所示。

表4-7　J-K触发器的逻辑功能表

JK	逻辑功能
00	保持（$Q^{n+1}=Q^n$）
01	置0（$Q^{n+1}=0$）
10	置1（$Q^{n+1}=1$）
11	翻转（$Q^{n+1}=\overline{Q^n}$）

J-K触发器的功能可用D触发器转换实现，转换逻辑是

$$D = J\overline{Q^n} + \overline{K}Q^n \tag{4-6}$$

按式（4-6）给D触发器添加转换逻辑电路，就可成为J-K触发器，如图4-11（a）所示。实际逻辑图中只用J-K的逻辑符号［见图4-11（b）］表示，并不顾及触发器的内部结构。

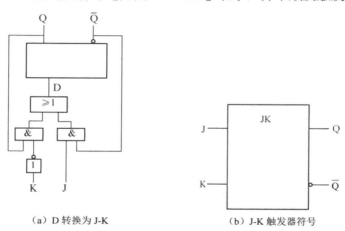

（a）D转换为J-K　　　　　　　（b）J-K触发器符号

图4-11　D触发器转换为J-K触发器

三、同步触发器

1. 同步控制信号

触发器的输入信号直接影响输出端的状态，影响触发器的使用。给触发器增加时钟脉冲（CP），用于控制输入信号对输出端产生作用的时间（或时刻）。有CP信号的触发器叫做同步触发器。CP信号的引入通常是利用与门（或门）的控制功能实现的，图4-12为同步D触发器结构。

CP是触发器的特殊输入信号，只控制输入信号对触发器输出端产生作用的时间（或时刻），不影响触发器的逻辑功能。CP信号对触发器产生控制作用称为触发。受CP信号控制的输入信号称为同步输入信号。

CP信号的控制方式有电平触发和边沿触发两种类型，CP信号线加标"∧"符号表示边沿触发，无此符号为电平触发。电平触发又分为高电平触发和低电平触发（加"○"表示）两种，边沿触发也分为上升沿触发（正触发）和下降沿触发（负触发，加"○"表示）两种。

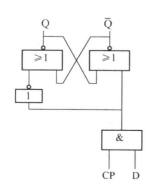

图4-12　同步D触发器结构

按理论要求,CP 信号对触发器的一次有效控制,触发器只能做一个动作,称为一次触发。电平式触发(又叫脉冲触发)的触发器结构简单、价格低,但不能确保一次触发效果(存在一次有效触发时间中受输入信号变化影响多次变态的空翻现象),只有边沿式能确保一次触发效果。在数字集成电路中,电平触发的触发器产品较少,多数属于边沿式触发或等效功能的主从触发器。

分析同步触发器的动作,做真值表或波形图时,首先要确定触发器输出状态变换的时间(或时刻),然后再依据输入信号决定输出状态。

上升沿触发是触发器的状态变化发生在 CP 信号由低电平上升变为高电平的时刻,在真值表中用 ↑ 表示,在波形分析时,把箭头符号标在 CP 脉冲上,成为"﹁"状。下降沿触发是触发器的状态变化发生在 CP 信号由高电平下降变为低电平的时刻,在真值表中用 ↓ 符号表示,在波形分析时,把箭头符号标在 CP 脉冲上,成为"﹁"状。

2. 同步触发器的定型产品

在 TTL 和 CMOS 数字集成电路中的触发器,多数是同步类的 D 触发器和 J-K 触发器,每种触发器都有独立式、关联式和多输入端等多种类型。

1)独立结构的双 D 触发器 7474 和 4013

TTL 系列电路中的 7474 有两个独立结构的 D 触发器,上升沿触发,各种信号齐备,电路结构如图 4-13 所示。

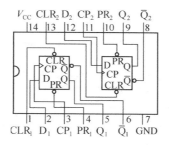

图 4-13　7474 的内部结构和引脚功能

实际触发器产品的 CP 信号常以 CLK 或 G 命名,并按使用需要设置复位 R_D(又称做清除 CLR)和置位 S_D(又称作预置 PR)信号。复位信号 R_D 和置位信号 S_D 不受 CP 信号控制,称为直接输入信号(D 脚标表示直接),R_D 和 S_D 都是低电平有效。7474 双 D 触发器的逻辑功能如表 4-8 所示。

表 4-8　7474 的电路功能(CP 为高电平触发)

CLR	PR	D	CLK	Q^{n+1}
0	1	×	×	0
1	0	×	×	1
1	1	0	↑	0
1	1	1	↑	1

4013 是 CMOS 系列的双 D 触发器(高电平触发),内部结构和引脚分布如图 4-14 所示。

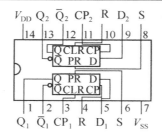

图 4-14   4013 的结构和引脚分布

2）独立结构的双 J-K 触发器 7476 和 4027

TTL 系列电路中的 7476 是两个独立结构的下降沿触发 J-K 触发器，电路结构如图 4-15 所示。

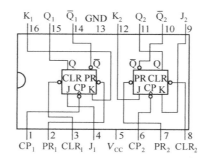

图 4-15   7476 的内部结构和引脚功能

7476 下降沿触发的双 J-K 触发器的逻辑功能如表 4-9 所示。

表 4-9   7476 J-K 触发器功能表

CLR	PR	J	K	CLK	Q^{n+1}
L	H	×	×	×	0
H	L	×	×	×	1
H	H	0	0	↓	Q^n
H	H	0	1	↓	0
H	H	1	0	↓	1
H	H	1	1	↓	$\overline{Q^n}$

J-K 触发器的波形图如图 4-16 所示。

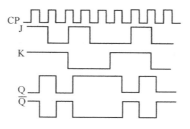

图 4-16   J-K 触发器的波形图

4027 是 CMOS 系列的双 J-K 触发器（上升沿触发），内部结构和引脚分布如图 4-17 所示。

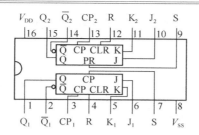

图 4-17　4027 双 J-K 触发器

3）多端同名输入的触发器

触发器的多个同名输入端都采用与逻辑关系输入。

（1）TTL 触发器 74110：74110 是一个 3 输入端的 J-K 触发器，即 J 和 K 都有 3 个输入端，其内部结构及引脚功能如图 4-18 所示。

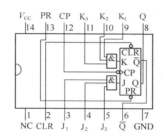

图 4-18　74110 的内部结构及引脚功能

（2）CMOS 触发器 4095：4095 也是一个 3 输入端的 J-K 触发器，其内部结构及引脚功能如图 4-19 所示。

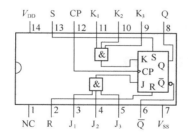

图 4-19　4095 的内部结构及引脚功能

3．T 触发器和 T`触发器

T 触发器和 T`触发器是两种用于制作计数器的同步触发器。但在 TTL 和 CMOS 两类数字集成电路的产品中，只有 R-S、D、J-K 三种触发器，实用中的 T 触发器和 T`触发器都是通过功能转换实现的。

1）T 触发器

T 触发器的特性方程是

$$Q^{n+1} = T \oplus Q^n = T\overline{Q^n} + \overline{T}Q^n \qquad (4\text{-}7)$$

T 触发器的输入信号 T 是用于变换触发器功能的控制信号，是异或逻辑的控制功能在触发器上的应用。T 触发器的逻辑功能如表 4-10 所示。

表 4-10　T 触发器逻辑功能

T	Q^{n+1}
0	保持功能：$Q^{n+1}=Q^n$
1	翻转功能：$Q^{n+1}=\overline{Q^n}$

由式 4-8 很容易看出，用 J-K 触发器转换 T 触发器最简单，如图 4-20 所示。

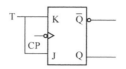

图 4-20　用 J-K 触发器转换 T 触发器

2）T'触发器

T'触发器是一种特殊类型，只有翻转功能，并只有一个 CP 输入信号，其特性方程为

$$Q^{n+1}=\overline{Q^n} \tag{4-8}$$

T'触发器可看做是 T 触发器在 T=1 状态下的固定使用，用 J-K 触发器和 D 触发器都可方便地转换为 T'触发器，如图 4-21 所示。

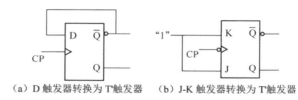

（a）D 触发器转换为 T'触发器　　（b）J-K 触发器转换为 T'触发器

图 4-21　用 D 触发器和 J-K 触发器转换 T'触发器

构造 T 触发器和 T'触发器的功能是 J-K 触发器和 D 触发器的常用方式。

第 2 节　时序逻辑电路分析

一、时序逻辑电路组成

1. 时序逻辑电路的构成方式

时序逻辑电路的主体结构是用触发器构成记忆（存储）电路，必要时再配备一些组合电路，如图 4-22 所示。组合逻辑电路在时序电路中主要负责触发器外围各种信号的转换及组合。

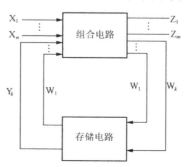

图 4-22　时序电路结构示意图

按时序电路中触发器的动作特点，可分为同步时序电路和异步时序电路两类。

2．触发器在时序电路中的应用

时序电路的逻辑功能主要取决于构成存储电路的触发器种类及其使用方式。不同逻辑功能的触发器适用于不同电路环境的需要，表 4-11 为五种触发器在电路中的通常使用方式。

表 4-11　五种触发器常见的使用方式

触发器名称	在电路中常见的应用方式
R-S	独立做数据锁存器使用，在 D、J-K 触发器中做清除（CLR）和预置（PR）端
D	数据存储、信号状态保持、转换为 T`触发器
J-K	构成各种进制的计数器，转换为 T 和 T`触发器
T	做信号保存及移相、构成计数器和定时器、转换为 T`触发器
T`	二进制计数器的最低位、2 分频器

二、成品时序逻辑电路分析

在数字集成电路中的定型产品主要是各种寄存器（锁存器）、计数器等供选用，设计者可按所需功能在《数字集成电路手册》中查阅芯片型号，了解其引脚信号作用及电平要求。了解成品时序逻辑电路的构成方式，有助于准确选用成品电路和丰富设计思路。

1．寄存器

寄存（锁存）信息是 D 触发器的基本应用，按功能可分为数码寄存器和移位寄存器两种。一个 D 触发器存放一位二进制代码，N 个触发器组成可存放 N 位代码的寄存器。

1）数码寄存器

数码寄存器按存储数据的位数用多个 D 触发器并排方式构成，采用同步式结构，把各触发器的 CP 信号接在一起。图 4-23 为四位数码寄存器。

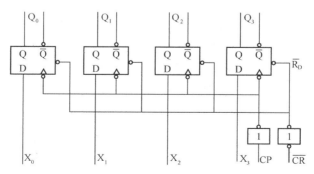

图 4-23　四位数码寄存器

电路用 4 个 D 触发器构成。CP 为上升沿有效。$\overline{CR}$ 为清零信号，低电平有效。X_3、X_2、X_1、X_0 为寄存器的 4 位输入端，Q_3、Q_2、Q_1、Q_0 为输出端。

数码寄存器是专用于暂存数据的，常用于存放数据、指令等二进制代码。数据可随时按原样存入，并能随时读出。

写入的数据送到输入端，CP 信号为数据写入脉冲，CP 有效时刻各触发器的输出端立即更新，并保持不变，直到有新数据输入和 CP 触发。

当 $\overline{CR} = 0$ 时，各触发器直接受控复位，使 Q_3^{n+1}，Q_2^{n+1}，Q_1^{n+1}，Q_0^{n+1} 均为零，称为寄存器清零。

当 $\overline{CR} = 1$，CP=$\_\!\lrcorner$ 时，4 位触发器同时接受数据输入：

$$Q_3^{n+1} = D_3 = X_3$$
$$Q_2^{n+1} = D_2 = X_2$$
$$Q_1^{n+1} = D_1 = X_1$$
$$Q_0^{n+1} = D_0 = X_0$$

如：

$$X = X_3 X_2 X_1 X_0 = 1101$$
$$Q = Q_3 Q_2 Q_1 Q_0 = 1101$$

在 $\overline{CR} = 1$ 且 CP 无效时间里，触发器保持原状态不变。

读操作是从寄存器各输出端取电平信号，被存储数据不受影响。

4076 为四 D 寄存器，其内部结构和引脚功能如图 4-24 所示。

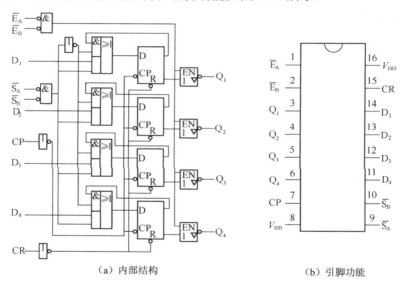

（a）内部结构　　　　　　　　　（b）引脚功能

图 4-24　四 D 寄存器 4076 结构和引脚信号

4076 为三态输出的四 D 寄存器，它增加了控制电路（由三态输出门、使能信号逻辑、选通信号逻辑、时钟逻辑组成）和控制信号。

$\overline{E_A}$、$\overline{E_B}$ 为电路的使能信号，控制三态输出门，两信号同时为低电平时，电路进入使能状态，有信号输出，否则为高阻态。

$\overline{S_A}$ 与 $\overline{S_B}$ 为电路输出信号的选通信号，两信号同为低电平时，数据才能输入，其他状态时，选通电路被封锁，电路保持原状态。

时钟逻辑电路将触发器要求的下降沿触发倒相为上升沿触发。表 4-12 为 4076 的电路功能表。

表 4-12　电路功能表

$\overline{E_A}$	$\overline{E_B}$	$\overline{CR}$	$\overline{S_A}$	$\overline{S_B}$	CP	D	Q^{n+1}	状态
1	1							
1	0	×	×	×	×	高阻	高阻态
0	1							
0	0	0	×	×	×	×	0	清零
0	0	1	1	1	×	×	Q^n	
0	0	1	1	0	×	×	Q^n	保持
0	0	1	0	1	×	×	Q^n	
0	0	1	0	0	⌐, 0, 1	×	Q^n	
0	0	1	0	0	⌐	0	0	置数
0	0					1	1	

2）移位寄存器

对数据有移位功能的寄存器称为移位寄存器，用多个 D 触发器彼此以输出端接输入端的串联方式连接，采用同步触发移位，它能在移位脉冲作用下将数据逐位移动。各触发器的时钟 CP 接在一起作为移位脉冲输入端，再把每个触发器的 $\overline{CR}$ 接在一起作为清零信号输入端。

移位寄存器主要用于数据循环移位和串行并行传输方式的相互转换。按移位方向划分，有单向移位和双向移位两种类型。

（1）单向移位寄存器：单向移位寄存器分左移位和右移位两种，两种单向移位寄存器的结构相同，只是各触发器的连接方式变换一下方向。

左移位寄存器是指数据以串行方式从寄存器右端（低端）输入，在移位脉冲控制下逐位左移，经 N 次移位，数据全部移入寄存器到达对应位置可以并行方式输出，实现串行数据向并行数据的转换。数据也可以并行方式输入，经 N 次左移，数据从寄存器左端以串行方式输出，实现并行数据向串行数据的转换。左移寄存器如图 4-25 所示。

数据在寄存器内的移位过程如图 4-26 所示。逻辑门以外的各种逻辑电路单元用标注字母 A 和脚码方式区分。

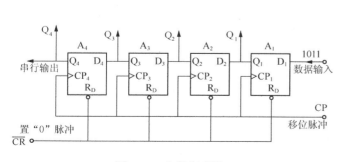

图 4-25　左移寄存器

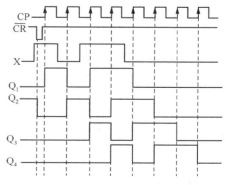

图 4-26　左移寄存器工作时序图

右移寄存器的操作与左移动作相反，图 4-27 所示为右移寄存器的结构和工作时序波形图。

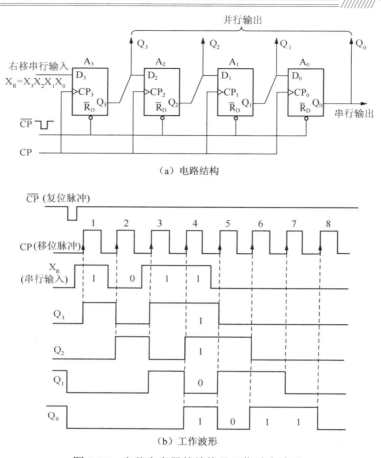

（a）电路结构

（b）工作波形

图 4-27　右移寄存器的结构及工作时序波形

（2）双向移位寄存器：既能左移又能右移的寄存器称为双向寄存器，图 4-28 所示为双向寄存器的结构。逻辑门也可用字母 G 表示。

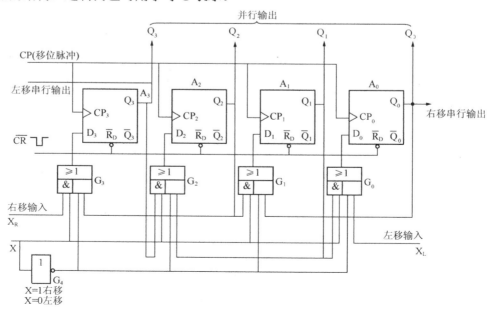

图 4-28　双向移位寄存器

双向移位寄存器是以单向移位电路为基础，增设用与或门 G_0，G_1，G_2，G_3 构成的换向控制逻辑和控制信号 X 组成。X_R 为右移输入端，X_L 为左移输入端。

当 X=0 时，电路为左移寄存器，数据按先高后低顺序从左移输入端 X_L 串行输入，由低向高移位：

$$D_0 = X_L$$
$$D_1 = Q_0$$
$$D_2 = Q_1$$
$$D_3 = Q_2$$

当 X=1 时，电路为右移寄存器，数据按先低后高顺序从右移输入端 X_R 串行输入，由高向低移位：

$$D_3 = X_R$$
$$D_2 = Q_3$$
$$D_1 = Q_2$$
$$D_0 = Q_1$$

图 4-29 为 74194（4 位双向移位寄存器）的内部结构和引脚功能。4 个 R-S 触发器转换为 4 个 D 触发器构成寄存器主体，D_{SR} 为右移串行输入端；R_{SL} 为左移串行输入端，D_0，D_1，D_2，D_3 为并行输入端，$\overline{CR}$ 为低电平有效的清零信号，S_1，S_0 为操作模式选择信号，CP 为上升沿触发的移位脉冲信号，Q_0，Q_1，Q_2，Q_3 为并行输出端。Q_0 为左移串行输出端，Q_3 为右移串行输出端。表 4-13 为 74194 功能表。

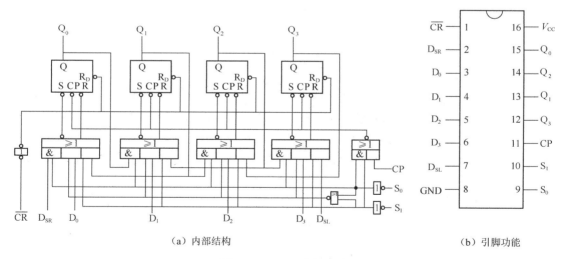

（a）内部结构　　　　　　　　　　　　　（b）引脚功能

图 4-29　74194 内部电路

表 4-13　74194 功能表

$\overline{CR}$	S_1	S_0	CP	功　能	$\overline{CR}$	S_1	S_0	CP	功　能
0	×	×	×	清零	1	1	0	↑	右移
1	0	0	×	禁止触发	1	1	1	↑	并行输入
1	0	1	↑	左移	1			↓，0，1	保持

2．计数器

对脉冲信号能进行计数的电路称为计数器，当脉冲信号为频率稳定的时钟信号时，计数器又具有定时器和分频器的功能。

按电路状态变换特点不同可分为加法计数器和减法计数器，按触发方式不同可分为同步计数和异步计数，按进位信号输出与电路动作关系可分为十进制计数、N 位二进制计数和任意进制计数，按计数器的电路结构可分为直线形、环形、扭环式多种。

计数器通常用于为脉冲电路提供定时或波形准确的输入信号。

1）二进制计数器

（1）异步二进制计数器：异步二进制计数器的结构最简单，图 4-30 所示为 3 位二进制异步加法计数器，触发器为下降沿触发。

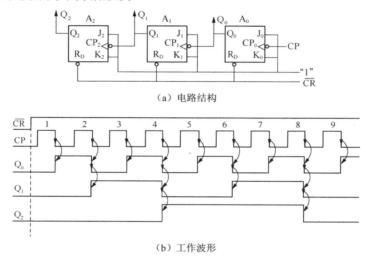

（a）电路结构

（b）工作波形

图 4-30　下降沿触发的异步 3 位二进制加法计数器

一个 T'触发器就是一位二进制计数器，异步二进制计数器是用多位 T'触发器串接成递进触发方式构成，触发器之间的连接方式由触发器的触发方式和计数方式决定。

图 4-30（a）所示为电路的功能分析：

电路由 3 个转换为 T'触发器的 J-K 触发器串联组成。T'触发器的输入信号为计数脉冲，下降沿触发。

电路的时钟信号连接：

$$CP_0 = CP$$
$$CP_1 = Q_0^n$$
$$CP_2 = Q_1^n$$

3 个 T'触发器在自己的时钟信号触发下实现计数输出：

$$Q_0^{n+1} = \overline{Q_0^n}$$
$$Q_1^{n+1} = \overline{Q_1^n}$$
$$Q_2^{n+1} = \overline{Q_2^n}$$

图 4-31 为电路计数输出的状态转换图。

从电路的时序图、功能真值表（见表 4-14）和状态转换图，都能说明它是一个 3 位二进制异步加法计数器，既能实现二进制加法计数，又具有分频功能。

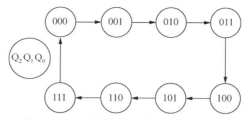

图 4-31　二进制加法计数器状态转换图

表 4-14　3 位二进制异步加法计数器状态转换及触发关系表

Q_0	Q_1（CP_1）	Q_0（CP_1）	CP_0
0	0	0	↓
0	0	1	↓
0	1 ↓	0	↓
0 ↓	1	1	↓
1	0	0	↓
1	0	1	↓
1	1	0	↓
1 ↓	1	1	↓
0 ↓	0 ↓	0	↓

计数器具有分频功能，计数器 3 个输出端的信号频率与最低端输入的计数脉冲信号频率的关系如下：

$$f_{Q0} = \frac{1}{2} f_{CP}$$

$$f_{Q1} = \frac{1}{2} f_{Q0} = \frac{1}{4} f_{CP}$$

$$f_{Q2} = \frac{1}{2} f_{Q1} = \frac{1}{8} f_{CP}$$

电路如果用上升沿触发的 T'触发器组成，电路结构和时序图如图 4-32 所示。

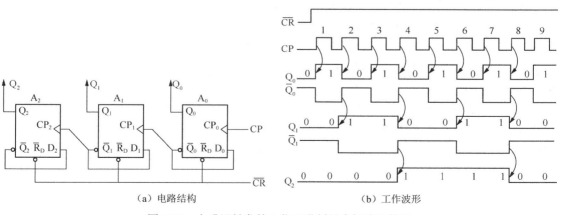

（a）电路结构　　　　　　　　　（b）工作波形

图 4-32　上升沿触发的 3 位二进制异步加法计数器

上升沿触发的 T'触发器用 D 触发器转换构成。

改变触发器之间的连接方式，就可构成减法计数器，图 4-33 为 3 位二进制异步减法计数器。

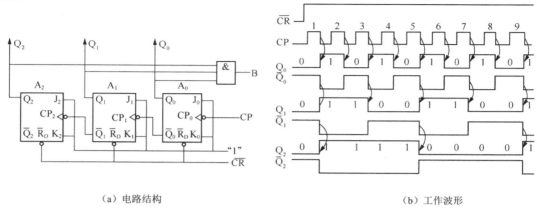

（a）电路结构　　　　　　　　　　　　（b）工作波形

图 4-33　3 位二进制异步减法计数器

电路中 B 为 $Q_2Q_1Q_0 = 000$ 状态减 1 时向高位的借位信号，$B = Q_2Q_1Q_0$ 电路的状态转换如表 4-15 所示。

表 4-15　3 位二进制异步减法计数器状态转换表（下降沿触发）

Q_2	$\overline{Q_1}$（CP_2）	Q_1	$\overline{Q_0}$（CP_1）	Q_0	CP（CP_0）	B
0	1	0	1	0		0
1	0	1	0	1		1
1	0	1	1	0		0
1	1	0	0	1		0
1	1	0	1	0		0
0	0	1	0	1		0
0	0	1	1	0		0
0	1	0	0	1		0
0	1	0	1	0		0

（2）同步二进制计数器：异步二进制计数器电路结构虽简单，但速度较慢（触发器只能逐级翻转）。如果将这种计数器的输出信号传给译码器，会使译码电路出现竞争冒险，产生尖峰脉冲。同步计数器可弥补这两点不足。

3 位二进制同步加法计数器的结构如图 4-34 所示，其状态转换关系如表 4-16 所示。

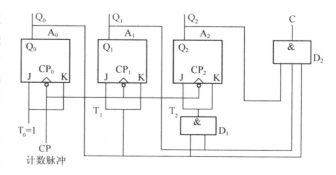

图 4-34　用 T 触发器组成的同步二进制加法计数器

表 4-16　同步计数器状态转换真值表

CP	Q_2^n	Q_1^n	Q_0^n	Q_2^{n+1}	Q_1^{n+1}	Q_2^{n+1}	C
1	0	0	0	0	0	1	0
2	0	0	1	0	1	0	0
3	0	1	0	0	1	1	0
4	0	1	1	1	0	0	0
5	1	0	0	1	0	1	0
6	1	0	1	1	1	0	0
7	1	1	0	1	1	1	0
8	1	1	1	0	0	0	1

计数器电路主体用三个 J-K 触发器做功能转换实现：

A_2 和 A_1 为 T 触发器，A_0 选为 T'触发器。

进位信号 $C = Q_2 Q_1 Q_0$。

依据以上分析设计表 4-17。

表 4-17　同步计数器状态转换表

CP	Q_2^n	Q_1^n	Q_0^n	Q_2^{n+1}	Q_1^{n+1}	Q_0^{n+1}	C
1	0	0	0	0	0	1	0
2	0	0	1	0	1	0	0
3	0	1	0	0	1	1	0
4	0	1	1	1	0	0	0
5	1	0	0	1	0	1	0
6	1	0	1	1	1	0	0
7	1	1	0	1	1	1	0
8	1	1	1	0	0	0	1

2）十进制计数器

按"逢十进一"规律进行计数的电路称为十进制计数器。

一位 8421BCD 码同步十进制计数器的逻辑图以及时序图和状态转换图如图 4-35 所示。

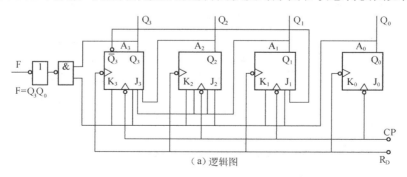

（a）逻辑图

图 4-35　同步十进制加法计数器逻辑图、时序图、状态转换图

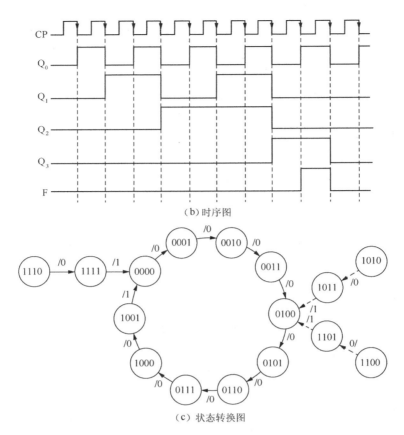

（b）时序图

（c）状态转换图

图 4-35　同步十进制加法计数器逻辑图、时序图、状态转换图（续）

一位十进制计数器应该有 10 种不同状态。依据 $2^{n-1} < N \leqslant 2^n$ 的关系，须用 4 位触发器 A_3，A_2，A_1，A_0 构成电路，电路的状态转换关系真值表如表 4-18 所示。

表 4-18　8421 码十进制加法计数器状态转换表

CP	Q_3^n	Q_2^n	Q_1^n	Q_0^n	Q_3^{n+1}	Q_2^{n+1}	Q_1^{n+1}	Q_0^{n+1}	C
1	0	0	0	0	0	0	0	1	0
2	0	0	0	1	0	0	1	0	0
3	0	0	1	0	0	0	1	1	0
4	0	0	1	1	0	1	0	0	0
5	0	1	0	0	0	1	0	1	0
6	0	1	0	1	0	1	1	0	0
7	0	1	1	0	0	1	1	1	0
8	0	1	1	1	1	0	0	0	0
9	1	0	0	0	1	0	0	1	0
10	1	0	0	1	0	0	0	0	1

电路中 4 个触发器 A_3，A_2，A_1，A_0 都用 J-K 触发器，但 A_2 实际是 T 触发器，A_0 为 T'触发器，是计数脉冲输入端。

第 3 节　时序逻辑电路设计

数字集成电路定型产品中没有的时序电路需要制作者自己设计。用成品电路加辅助电路进行功能转换和用触发器以及逻辑门按所需功能连接是常用的两种设计方法。

一、用成品时序电路改制

选用与所需功能相关的成品时序电路，配加适当的辅助电路就可以方便地实现设计目的。

1. 任意进制计数器

利用二进制计数器改制任意进制计数器是简单、有效的方法，改制原理是把进位信号引回计数电路，用其控制计数器跳回到计数的初始态，称做脉冲反馈法。

制作初始态为 0 的计数器，可将进位信号引回到触发器的异步置 0 端强制电路复位，称为强制复位法。图 4-36 所示为 4 位二进制计数器改做十进制加法计数器的逻辑图。电路中增设一个锁存器用以清除复位时的尖峰脉冲。

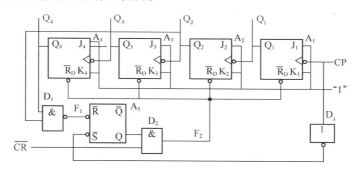

图 4-36　复位式 8421 码十进制计数器电路

在实际应用中，对计数器输出的状态序列常不以 0 为初态（起始值），这时可用预置法改制，为此许多计数器的定型产品设有预置输入端和预置控制信号。TTL 系列的 74161 为 4 位同步二进制可预置计数器，其内部结构和引脚信号如图 4-37 所示，表 4-19 为 74161 的逻辑功能表。

表 4-19　74161 逻辑功能表

$\overline{CR}$	E_T	E_p	$\overline{LD}$	Q_3, Q_2, Q_1, Q_0	C
0	×	×	×	清零	0
1	0	0	×	保持	0
1	0	1	×	保持	0
1	1	0	×	保持	Q_3, Q_2, Q_1, Q_0
1	1	1	0	置数	$Q_3Q_2Q_1Q_0$
1	1	1	1	计数	$Q_3Q_2Q_1Q_0$

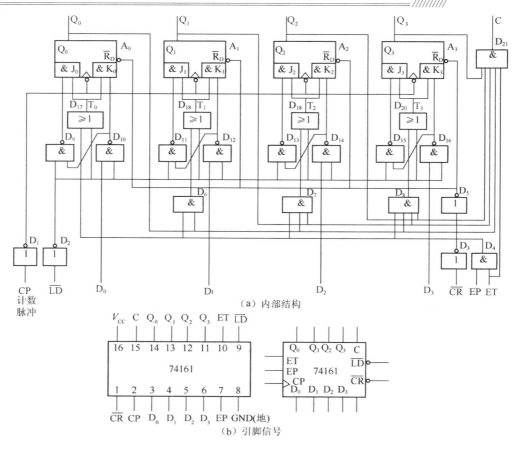

（a）内部结构

（b）引脚信号

图 4-37　74161 的内部结构和引脚信号

Q_3、Q_2、Q_1、Q_0 为计数状态输出端，C 是进位输出端，$\overline{LD}$ 为置数控制信号，低电平置数、高电平计数，D_3，D_2，D_1，D_0 为预置数据的输入端。$\overline{CR}$ 为低电平有效的异步清零端，E_P 与 E_T 为触发器输入电路工作状态控制信号，其中 E_T 兼作进位信号 C 的输出控制。

74161 的进位逻辑设定为 $C = Q_3Q_2Q_1Q_0$，当改变计数进制时必须用设置不同的初始实现。若需改变进位逻辑则应另加进位电路。

用 74161 构成十进制计数器，其电路连接和状态转换图如图 4-38 所示，电路的起始值预置为 $D_3D_2D_1D_0 = 0110$。

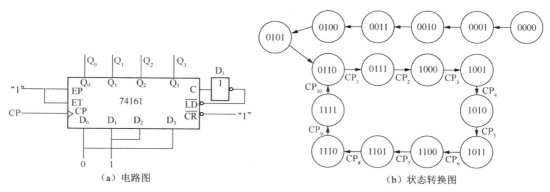

（a）电路图

（b）状态转换图

图 4-38　用置入最小值法将 74161 接成十进制计数器

使用强制复位法并另设进位电路,用 74161 也可构成初始值为 0 的任意进制加法计数器,图 4-39 所示为一个六进制计数器。

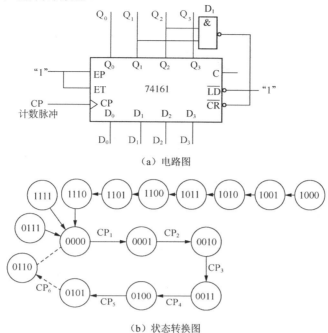

（a）电路图

（b）状态转换图

图 4-39　用复位法将 74161 接成六进制计数器

当然,用复位法不如预置法简单,图 4-40 为用预置法改制的六进制计数器电路和状态转换图。

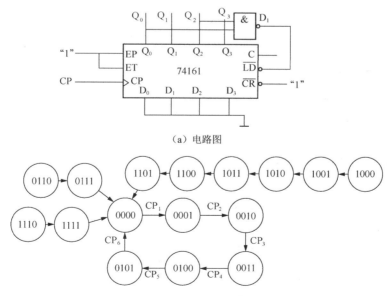

（a）电路图

（b）状态转换图

图 4-40　用置位法将 74161 接成六进制计数器

成品集成电路计数器可以通过级联构成更多位的计数器,图 4-41 为用两片 74161 构成的 84 进制计数器。

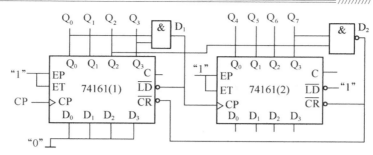

（a）异步级联

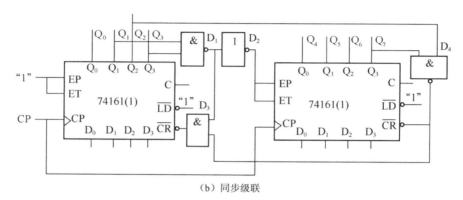

（b）同步级联

图 4-41   84 进制计数器

该电路用低位 74161 的进位信号 C 与高位 74161 的 E_P 与 E_T 信号实现级联构成 8 位二进制计数器（256 进制），并用复位法改变为 84 进制的计数器。

2. 分频器

计数器有分频功能，这在前文已介绍过。在实用中，对分频器的要求并不局限于分频，还有脉冲占空比和输出位置等问题。

在脉冲电路中，脉冲宽度 T_W 与信号周期 T 之比称为信号的占空比 k。

$$k = \frac{T_W}{T} \tag{4-9}$$

1）二进制计数器的分频效果

图 4-42 所示为 3 位二进制同步计数器的输出波形。

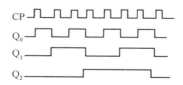

图 4-42   3 位二进制同步计数器输出波形

Q_0 端信号为时钟信号的 2 分频，脉冲宽度：$T_{W0} = T_{CP}{}'$

信号周期：

$$T_0 = 2T_{CP}{}'$$

T_{CP} 为时钟信号周期。

Q_0 信号的占空比为：

$$k_0 = \frac{T_{W0}}{T_0} = \frac{T_{CP}}{2T_{CP}} = \frac{1}{2}$$

Q_1 端信号为时钟信号的 4 分频：

$$T_{W1} = 2T_{CP} \quad T_1 = 4T_{CP}$$

占空比为：

$$k_1 = \frac{T_{W1}}{T_1} = \frac{2T_{CP}}{4T_{CP}} = \frac{1}{2}$$

Q_2 端信号为时钟信号的 8 分频：

$$T_{W2} = 4T_{CP} \quad T_2 = 8T_{CP}$$

占空比为：

$$k_2 = \frac{T_{W2}}{T_2} = \frac{4T_{CP}}{8T_{CP}} = \frac{1}{2}$$

占空比为 1/2 的分频器称为对称分频器，二进制计数器就是对称分频器。

2）任意分频器

计数器具有分频器功能，而且计数器的进制类型就是分频器的分频率。图 4-43 所示的三进制和五进制计数器的工作波形即可说明。

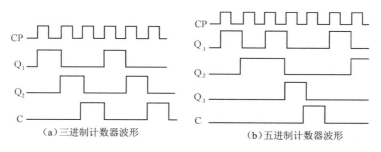

（a）三进制计数器波形　　　　（b）五进制计数器波形

图 4-43　三进制、五进制计数器工作波形图

分析三进制计数器的输入、输出波形，Q_1，Q_2，C 三个信号都是时钟信号 CP 的三分频，占空比都是 1/3，但脉冲输出时间不同。

分析五进制计数器的输入、输出波形，Q_0 信号的波形特殊，Q_2，Q_3，C 三个信号都是时钟信号 CP 的五分频，Q_1 的占空比为 2/5，Q_2，C 的占空比都是 1/5。出现不同占空比的分频信号。

3）分频器的占空比设计

一个 N 分频的分频器就是一个 N 进制计数器。用多位二进制计数器改为 N 进制计数器，也是 N 分频的分频器。在设计过程中同时考虑占空比，就可得到占空比符合要求的 N 分频器。

设计任意占空比的分频器常用另设法或截取法。

以设计一个占空比为 5/7 的分频器为例说明两种方法。

　　另设法是指在 N 进制计数器电路中按占空比要求另设分频信号，此法简单、灵活，二进制计数器的状态应用充分。设计过程如下：

（1）按 $2^{n-1}<7<2^n$ 确定 $n=3$，七分频器可用 3 位二进制计数器改制。

（2）设定改制信号 C 和分频信号 Y，列出二进制计数器的状态真值表，如表 4-20 所示。

表 4-20　二进制计数器状态真值表

Q_2	Q_1	Q_0	C	Y
0	0	0	0	1
0	0	1	0	1
0	1	0	0	1
0	1	1	0	1
1	0	0	0	1
1	0	1	0	0
1	1	0	1	0
1	1	1	X	X

　　对 C、Y 两信号的逻辑进行化简，如图 4-44 所示。

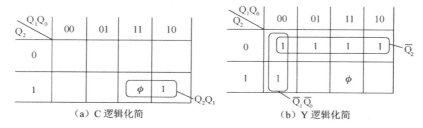

（a）C 逻辑化简　　　　　　（b）Y 逻辑化简

图 4-44　C，Y 逻辑化简

　　C、Y 两信号的逻辑表达式：

$$C = Q_2 Q_1$$
$$Y = \overline{Q_2} + \overline{Q_1 Q_0}$$

（3）画出逻辑图、电路的时序波形图和状态转换图（如图 4-45 所示），其中 Y 信号即为占空比为 5/7 的 7 分频信号。

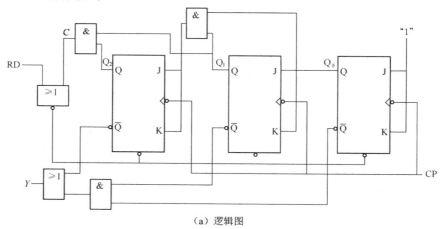

（a）逻辑图

图 4-45　七分频（5/7 占空比）逻辑图、时序图、状态图

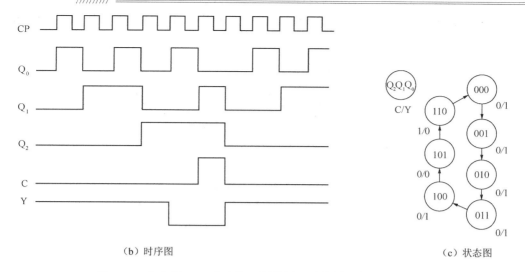

（b）时序图　　　　　　　　　　　（c）状态图

图 4-45　七分频（5/7 占空比）逻辑图、时序图、状态图（续）

截取法是选择相应二进制计数器，按占空比和分频参数选用计数器的输出信号，并在计数器的状态真值表中截取符合要求的状态组作为分频器的状态转换时序。

图 4-46 所示为截取法示意图。

从图 4-43 中可以确定分频器的初值为 0110，返回信号逻辑 $C = Q_3 Q_2 \overline{Q_1} \overline{Q_0}$。

用 4 位二进制计数器 74161 制作这个七分频器，如图 4-47 所示。

四位二进制计数器状态时序

Q_3	Q_2	Q_1	Q_0	
0	0	0	0	
0	0	0	1	
0	0	1	0	
0	0	1	1	
0	1	0	0	
0	1	0	1	
0	1	1	0	← 分频器初值
0	1	1	1	
1	0	0	0	
1	0	0	1	
1	0	1	0	
1	0	1	1	
1	1	0	0	← 返回值
1	1	0	1	
1	1	1	0	
1	1	1	1	

图 4-46　截取法示意图

图 4-47　74161 接成七分频器

3．环形计数器

1）基本结构

把单向移位寄存器的串行输入与串行输出两端接在一起，就构成循环移位寄存器，称为环形计数器。图 4-48（a）所示为一个 4 位环形计数器的基本结构，图 4-48（b）是环形计数器的 6 种循环状态,使用时可根据实际需要选定一种作为有效循环(②与③两种为无用循环),其余的则是无效循环。

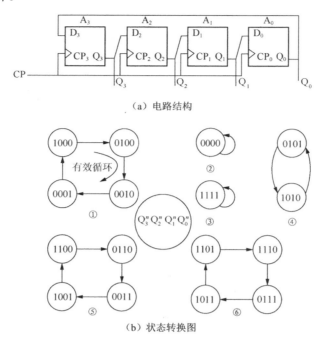

（a）电路结构

（b）状态转换图

图 4-48　4 位环形计数器及状态转换图

2）添加自启动电路

这种环形计数器不能由无效状态自然进入有效循环,叫做无自启动功能。使用时必须为其预置有效状态,受干扰进入无效循环也不能自行返回。为使用方便,应对电路进行修改,添加自启动电路,让环形计数器能由无效循环自动进入有效循环。

自启动电路的设计步骤如下:

（1）在电路中任选一个修改点（如选在 FF_3 的输入逻辑 D_3）;

（2）按确定的有效循环（如图 4-45 所示）列出电路有效状态转换表（见表 4-21）。制出 FF_3 状态 Q_3^{n-1} 的卡诺图,并进行化简圈项（如图 4-49 所示,其中 ϕ 表示无效项）。

表 4-21　有效状态转换表

现　状　态				次　状　态			
Q_3^n	Q_2^n	Q_1^n	Q_0^n	Q_3^{n+1}	Q_2^{n+1}	Q_1^{n+1}	Q_0^{n+1}
1	0	0	0	0	1	0	0
0	1	0	0	0	0	1	0
0	0	1	0	0	0	0	1
0	0	0	1	1	0	0	0

（3）按以下条件确定无效循环断点:

Ⅰ.必须是有效逻辑化简圈项外的 ϕ 项（必须属于无效循环）。

Ⅱ.必须与一个有效循环项相邻（具有引入有效循环的可能）。

在卡诺图中确定断点最直观,从图 4-49 可以看出,符合上述条件的只有 $\overline{Q_3Q_2Q_1Q_0}$ 一项。

按相邻的有效逻辑值改写该项，把无效循环断开，就能将无效循环引入有效循环。这就是自启动电路的设计原理。

（4）对修改点的逻辑重新化简（如图 4-50 所示），得出修改点的新逻辑表达式（含必要的变换），$D_2 = \overline{Q_3Q_2Q_1}$（修改之前 $D_3 = Q_0$）。

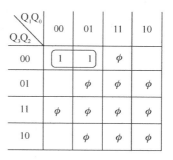

图 4-49　断点选择　　　　　　　　　图 4-50　重新化简

（5）按新逻辑表达式画出修改后的逻辑图，如图 4-51 所示。

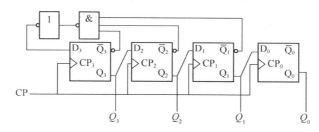

图 4-51　修改后的环形计数器

（6）检验自启动效果（如不理想，则须更换或增加断点），画出自启动状态转换图（如图 4-52 所示）。

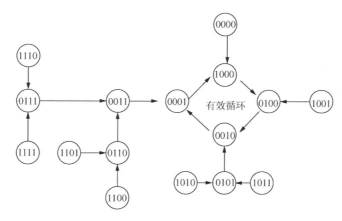

图 4-52　能自启动的环形计数的状态图

4．扭环计数器设计

1）扭环计数器的基本结构

把移位寄存器的串行输出的反相端引回输入端，就构成扭环式计数器。图 4-53 所示为一个 4 位扭环计数器电路的基本结构和状态转换图，它有两个独立的状态循环，但不能自启动。

2）添加自启动电路

和环形计数器一样，扭环也要经过修改，使其具备自启动功能。修改逻辑的化简过程如图 4-54 所示。

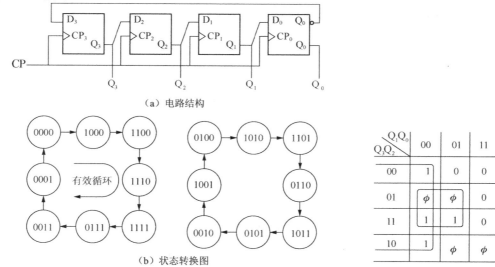

（a）电路结构

（b）状态转换图

图 4-53　扭环形计数器

图 4-54　修改逻辑的化简

修改后的电路和状态转换图如图 4-55 所示。

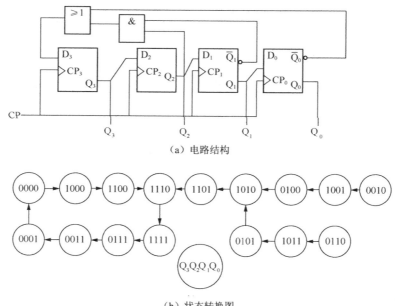

（a）电路结构

（b）状态转换图

图 4-55　能自启动的 4 位扭环计数器逻辑图与状态图

扭环计数器的有效输出状态数量虽比环形计数器提高一倍，但输出脉冲位数仍受到触发器数量的限制。为了获得更大规模的脉冲序列，可将扭环计数器与译码器相连接，如图 4-56 所示，这个电路可输出 8 位的序列脉冲。

扭环计数器的有效循环中只有 2^{N-1} 个状态变化，它虽有两组状态循环，在自启动电路引入后其状态循环则固定为一组。译码器的结构却可依据输出状态的需要灵活设计。表 4-22 是

图 4-53 的功能转换表，表 4-23 为译码器的真值表，是按单脉冲输出方式设计的。

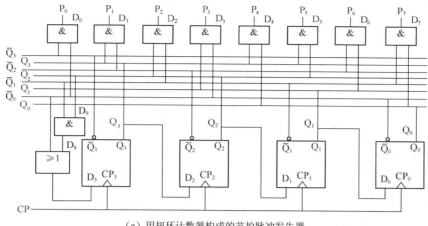

（a）用扭环计数器构成的节拍脉冲发生器

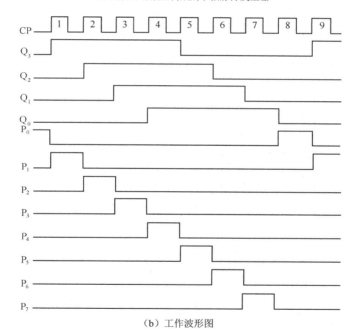

（b）工作波形图

图 4-56　用扭环计数器构成的节拍脉冲发生器及工作波形

表 4-22　扭环计数器有效循环状态转换表

Q_3^n	Q_2^n	Q_1^n	Q_0^n	Q_3^{n+1}	Q_2^{n+1}	Q_1^{n+1}	Q_0^{n+1}
0	0	0	0	1	0	0	0
1	0	0	0	1	1	0	0
1	1	0	0	1	1	1	0
1	1	1	0	1	1	1	1
1	1	1	1	0	1	1	1
0	1	1	1	0	0	1	1
0	0	1	1	0	0	0	1
0	0	0	1	0	0	0	0

表 4-23 译码真值表

Q3	Q2	Q1	Q0	P7	P6	P5	P4	P3	P2	P1	P0
0	0	0	0	0	0	0	0	0	0	0	1
1	0	0	0	0	0	0	0	0	0	1	0
1	1	0	0	0	0	0	0	0	1	0	0
1	1	1	0	0	0	0	0	1	0	0	0
1	1	1	1	0	0	0	1	0	0	0	0
0	1	1	1	0	0	1	0	0	0	0	0
0	0	1	1	0	1	0	0	0	0	0	0
0	0	0	1	1	0	0	0	0	0	0	0

5. 节拍器

数字系统对其负荷的控制操作常常要求控制信号在时间上有先后顺序，需要有固定时间顺序的信号作为基准。能产生顺序脉冲的电路称为顺序脉冲发生器，又称节拍器。

节拍器可用计数器和译码器构成，也可用扭环式计数器构成。

1）用计数器和译码器构成的节拍器

图 4-57 所示节拍器是用 3 位二进制异步计数器和一只 3 线-8 线译码器组成的计数器型节拍器。

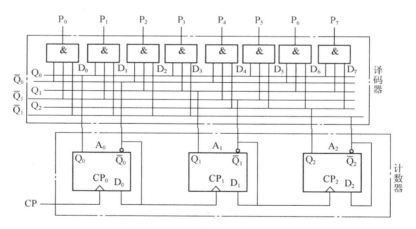

图 4-57 计数型节拍发生器

计数器型节拍器比扭环节拍器少用一只触发器，但因各触发器不可能同时翻转，会使计数器出现竞争冒险现象而输出干扰脉冲。如计数器从 001 向 010 变化过程中，会出现 FF_0 已从 1 翻转为 0，而 FF_1 尚未动作的情况，使计数器输出瞬间的 000，在译码器的 P_0 端出现一个尖峰脉冲。电路输出波形如图 4-58 所示。

2）用扭环计数器构成节拍器

计数器型节拍器若采用同步计数器也能消除竞争冒险现象。扭环形节拍器不存在竞争冒险问题。

4017B 为十进制计数器/脉冲分配器，图 4-59 所示为该电路的内部结构、引脚功能和工作波形图。

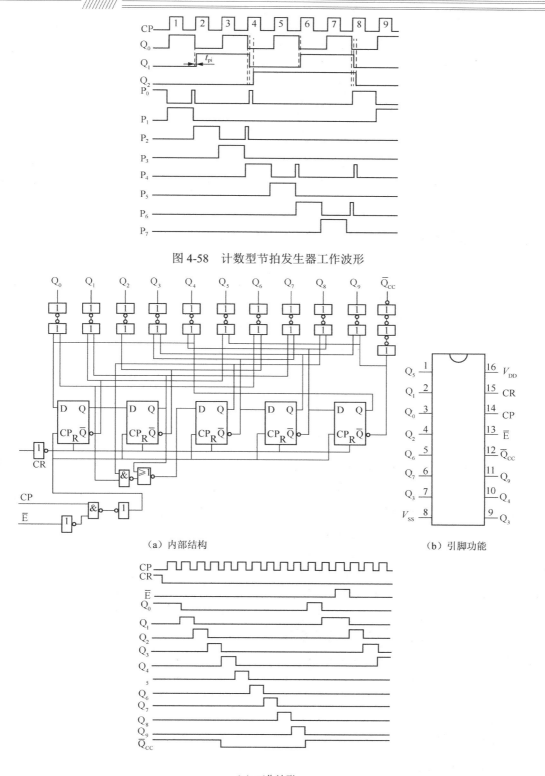

图 4-58　计数型节拍发生器工作波形

（a）内部结构　　　　　　　（b）引脚功能

（c）工作波形

图 4-59　4017B 十进制计数器/脉冲分配器电路的内部结构、引脚功能和工作波形图

表 4-24 为 4017B 的逻辑功能表。

表 4-24   4017B 功能表

CR	$\overline{E}$	CP	功　能
1	×	×	清零
0	0	⌐	计数、输出节拍脉冲
0	1	×	保持
0	1	⌐, 0, 1	保持

CR 为高电平清零端。$\overline{E}$ 为低电平有效的使能端，用以控制时钟信号，$\overline{E}$ 为高电平时，时钟信号被禁止。CP 为上升沿触发的计数脉冲信号。$Q_0 \sim Q_9$ 为节拍信号输出端。$\overline{Q}_{CC}$ 为计数器进位信号输出端。

二、简单时序电路设计

对于功能简单或没有相关成品可用的时序电路，就需要设计者自己制作。

1．D 触发器应用简例

用 D 触发器为单片机 8031 存储中断请求信号的电路如图 4-60 所示。

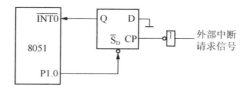

图 4-60   用 D 触发器构成 8031 中断请求电路

单片机 8051 的片外中断请求信号 $\overline{INT0}$（低电平有效），在 8051 响应并实施中断服务操作过程中，片外中断请求信号 $\overline{INT0}$ 要始终保持有效状态。

电路利用 D 触发器存储作用将片外中断请求信号 $\overline{INT0}$ 保持到 8051 的中断响应完成，由 P1.0 口输出低电平将 D 触发器置 1（高电平）为止。

电路动作原理：把 D 触发器的同步输入端 D 固定接地（构成低电平输入）作为片外中断请求信号 $\overline{INT0}$，触发器的输出端 Q 信号与 8051 的 $\overline{INT0}$ 信号入口连接。选用 CP 为上升沿触发的 D 触发器。平时 P1.0 口输出高电平，对触发器不起作用。当外部设备需要 8051 的中断服务时，P1.0 口就发出一个低电平脉冲，经非门倒相变为高电平送入触发器的时钟信号 CP 端（上升沿触发），信号脉冲的前沿触发触发器，D 端的低电平进入触发器，Q 端输出低电平，发出中断请求信号。8051 响应中断请求、并执行相应的中断服务程序，完成中断服务后，由 P1.0 口发出一个低电平信号（对 CP 端无影响）给 D 触发器的 S_D 端，使触发器直接置 1，触发器 Q 端输出高电平，撤销中断请求。

此例是 8051 单片机用外中断方式为内中断服务，中断请求和结束中断都由 P1.0 口发出信号。对于真正外部设备的中断请求信号可调整电平后接在 D 触发器的 CP 端。

2．J-K 触发器应用简例

图 4-61 所示为一例十六进制键盘编码器电路。

十六进制是用 0～9 和 A、B、C、D、E、F 6 个字母计数的方法，逢十六进一。在计算机软件系统中，主要用做二进制码的缩写，十六进制与二进制的对应关系如表 4-25 所示。

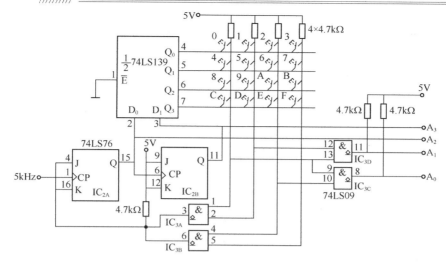

图 4-61　十六进制键盘编码器电路

表 4-25　十六进制、二进制及十进制对照表

十六进制	二 进 制	十 进 制
0	0	0
1	1	1
2	10	2
3	11	3
4	100	4
5	101	5
6	110	6
7	111	7
8	1000	8
9	1001	9
A	1010	10
B	1011	11
C	1100	12
D	1101	13
E	1110	14
F	1111	15

电路的功能是将 0～F 16 个按键动作转换为 A_3、A_2、A_1、A_0 4 位输出码的不同状态，按键与输出码的对应关系如表 4-26 所示。

表 4-26　按键与输出码的对应表

按　键	输出码 $A_3 A_2 A_1 A_0$
0	0000
1	0001
2	0010

按　键	输出码 $A_3 A_2 A_1 A_0$
3	0011
4	0100
5	0101
6	0110
7	0111
8	1000
9	1001
A	1010
B	1011
C	1100
D	1101
E	1110
F	1111

电路中的时序电路由 74LS76（双 J-K 触发器）构成，IC2A 转换为 T 触发器，IC2B 转换为 T'触发器，二者共同组成一个两位二进制减法异步计数器。计数器输出作为电路输出编码中的 A_3、A_2 两位，同时又是 74LS139 译码输入信号 D_1、D_0。

74LS139（双 2-4 译码器）的使能信号（$\overline{E}$）接地，总处于工作状态，负责为 16 个开关键阵列输出扫描信号，用 OC 与门（74LS09，输出端接有 4.7kΩ 上拉电阻）负责读键盘，查找被按动的键。其中两个（IC_{3A}、IC_{3B}）合并为一个 4 输入端的与逻辑门，用于控制计数器，当有键被按住时就输出 0，计数器停止动作，保持输出数据不变，形成电路输出码的高两位 A_3、A_2，确定按键所在的行位。另外两个（IC_{3D}、IC_{3C}）用于形成电路输出码的低两位 A_1、A_0，确定按键所在的列位。

用 C、D、E、F 分别代表 4 列（纵线）键信号，A_1、A_0 两位数值由 C、D、E、F 4 列键信号决定。它们之间的逻辑关系是：

$$A_1 = C \cdot D$$
$$A_0 = C \cdot E$$

C、D、E、F 4 列键信号在无按键时都为高电平；有按键时键开关把行、列线接通，键所在的列线被 74LS139 输出的扫描信号拉为低电平。键盘编码 $A_3 A_2 A_1 A_0$ 的形成可用表 4-27 说明。

表 4-27　键盘编码形成表

A_3、A_2 扫描位置 ＼ $A_1 A_0$	按键在 F 列 F=0 $A_1 A_0$=11	按键在 E 列 E=0 $A_1 A_0$=10	按键在 D 列 D=0 $A_1 A_0$=01	按键在 C 列 C=0 $A_1 A_0$=00
00　（Q_0=0）	3	2	1	0
01　（Q_1=0）	7	6	5	4
10　（Q_2=0）	B	A	9	8
11　（Q_3=0）	F	E	D	C

本章小结

（1）具有记忆性是时序逻辑电路与组合电路的本质区别，它的记忆性表现在任一时刻输出端的稳态值不仅取决于相关时刻的输入信号状态组合，还与电路的原来状态有关。电路原状态信息是靠触发器组成的记忆电路存储的。

（2）触发器是构成时序电路的基本记忆单元，又是最简单的时序电路。

（3）基本 R-S 触发器是结构最简单的触发器，添加引导转换电路可以转换为其他类型的触发器。实际产品中只有 R-S、D、J-K 3 种类型触发器，T 和 T′ 触发器用转换方法获得。

（4）边沿触发的同步触发器能抑制空翻，数字集成电路系列中的触发器产品多数为边沿触发器。

（5）由触发器组成的存储电路是时序电路的主体。触发器在电路中的实际功能及应用方式决定存储电路的功能，D 触发器主要用于各种寄存器，二进制计数器用 T′和 T 触发器组成，T′触发器用在各类计数器的最低位，J-K 触发器功能全，用途广泛。

（6）依据触发器的动作方式，时序电路可分为同步型和异步型两类。

（7）在各种数字集成电路系列中，都有较为齐全的触发器及各种典型功能的时序电路单元的产品。需要时应首先选用成品电路，再用基本门电路和触发器制作成品电路不具备的电路和必要的外部辅助电路。

 习题 4

4.1　将与非门结构的基本 R-S 触发器转换为 D 触发器，画出逻辑图。

4.2　试画出用 D 触发器和 J-K 触发器构成 T′触发器的转换逻辑图。

4.3　给与非门构成的基本 R-S 触发器输入如图 4-62 所示的波形。画出触发器 Q、$\overline{Q}$ 的输出时序波形图。

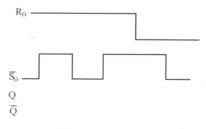

图 4-62　题 4.2 图

4.4　按图 4-63 所示输入波形，绘出或非门基本 R-S 触发器的输出波形。

图 4-63　题 4.3 图

4.5　根据图 4-64 所示波形，分析并绘出同步 R-S 触发器的输出波形。

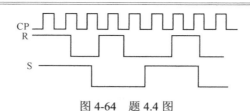

图 4-64   题 4.4 图

4.6   按图 4-65 所示波形，分析并给出主从 J-K 触发器的输出波形。

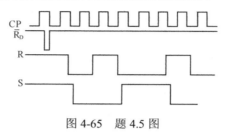

图 4-65   题 4.5 图

4.7   分析图 4-66 所示电路的功能，并画出时序波形图和状态转换图。

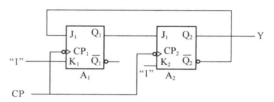

图 4-66   题 4.6 图

4.8   分析图 4-67 所示电路的功能，并画出时序波形图和状态转换图。

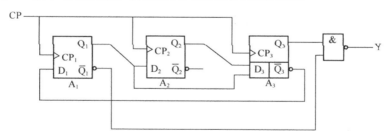

图 4-67   题 4.7 图

4.9   分析图 4-68 所示电路的功能，并画出时序波形图。

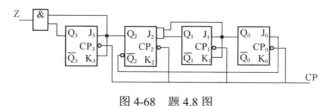

图 4-68   题 4.8 图

4.10   设计一个同步六进制计数器。

4.11   设计一个占空比 3/5 的五分频器。

实验 4：时序电路测试与制作

一、实验目的

（1）掌握测试触发器逻辑功能的方法。

（2）熟悉基本 R-S 触发器工作原理、电路组成及逻辑功能。

（3）熟悉集成 J-K 触发器、D 触发器的逻辑功能和触发方式。

（4）熟悉同步计数器的级联方法。

（5）验证同步二-十加法计数器逻辑功能。

二、实验准备

（1）芯片：7414（6 施密特反相器）1 片、7474（D 触发器）1 片、7476（J-K 触发器）1 片、74110（J-K 触发器）3 片、7400（四与非门）1 片、7402（四或非门）1 片、4017 B（十进制计数/脉冲分配器）1 片。

（2）实验设备：本书的数字实验装置（含显示器或万用表）。

三、时序逻辑电路实验的分解操作法

1．时序逻辑电路实验的特点

由于时序电路的输出状态变换与其原状态相关，所以，做时序电路实验中途不能关闭电源，但电路动作仍然可以分解成单步进行。

2．输入逻辑电路改进

由于实验过程中不能断电，而且输出状态变换与其原状态相关，就要求电路的输入信号要干净、准确，机械开关触点接触过程中的颤动必须消除，简单方法是在开关后面增加防颤电路。简单实用的防颤电路可用 7414（或 7419、40106 等）6 施密特反相器（施密特电路特性见本书第 2 章），既简单，效果又好，对于普通数字实验已经够用了。输入装置结构如图 4-69 所示。

3．时序电路实验操作方法

按分解动作方式做触发器实验，要注意区分触发器和触发器的输入信号。

（1）对于没有 CP 信号的触发器（如基本 R-S 触发器），实验操作方法与第 2 章的门电路检测的操作相同。

（2）对于有 CP（CLK）信号的触发器，$\overline{R_D}(\overline{CLR})$ 与 $\overline{S_D}(\overline{PR})$ 两个不受 CP 控制的信号功能检测，也按第 2 章的实验操作方式实施。

（3）对使用含 CP（CLK）信号触发器的时序电路，要先设置触发器的输入信号状态，再操作 CP 信号的状态变化，并监测触发器输出端反应。

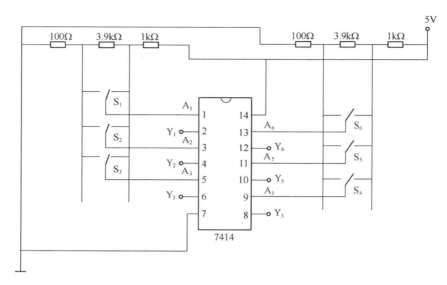

图 4-69   具有防颤功能的逻辑输入装置

四、触发器测试

1. 测试基本 R-S 触发器的逻辑功能

（1）用一片 7400 按图 4-70 连线构成基本 R-S 触发器。

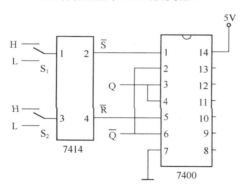

图 4-70   基本 R-S 触发器测试接线图

（2）按表 4-28 安排的输入状态进行实验，并把结果填入该表。

表 4-28   基本 R-S 触发器功能表

输 入		输 出	
$\overline{R_D}$	$\overline{S_D}$	Q	$\overline{Q}$
1	1		
1	0		
1	1		
0	1		
0	0		

（3）总结该表，写出基本 R-S 触发器的状态方程和约束条件。

（4）取 7402（或非门）芯片，自己设计接线和表格，测试或非门结构的 R-S 触发器的功能。

2．测试同步触发器的 $\overline{R_D}(\overline{CLR})$ 与 $\overline{S_D}(\overline{PR})$ 两信号的功能

（1）取 7476（双 J-K 触发器）按图 4-71 进行连线。

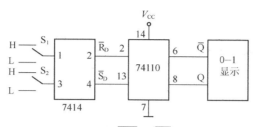

图 4-71　J-K 触发器 $\overline{R_D}$ 与 $\overline{S_D}$ 功能测试电路

（2）先将 CP 信号设置为无效状态，再按表 4-29 排列的逻辑值测试 J-K 触发器的 $\overline{R_D}$ 与 $\overline{S_D}$ 功能。

表 4-29　$\overline{R_D}(\overline{CLR})$ 与 $\overline{S_D}(\overline{PR})$ 功能表

$\overline{R_D}$　$\overline{S_D}$	Q　$\overline{Q}$	触发器状态
0　0		
0　1		
1　0		
1　1		

（3）取 7474（双 D 触发器）芯片，自己设计接线和实验表格，检测 D 触发器的 $\overline{R_D}(\overline{CLR})$ 与 $\overline{S_D}(\overline{PR})$ 两信号功能。

3．测试 J-K 触发器的逻辑功能

（1）用 7476 芯片，按图 4-72 进行连线。

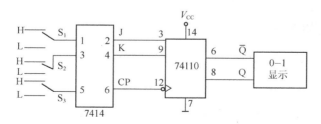

图 4-72　J-K 触发器逻辑功能测试电路

（2）按表 4-30 所列逻辑值，测试 J-K 触发器的 J、K 输入信号和 CP（CLK）的触发功能。

（3）依据检测触发器输出端的动作判断触发器的触发类型。

（4）总结 J-K 触发器的功能，填入表 4-30。

表 4-30　J-K 触发器功能表

J	0	0	0	0	0	0	1	1	1	1	1	1
K	0	0	0	1	1	1	0	0	0	1	1	1
CP（CLK）	0	↑	↓	0	↑	↓	0	↑	↓	0	↑	↓
Q 0												
1												
功能												

注：↑表示 CP 上升沿，↓表示 CP 下降。

4．测试 D 触发器的逻辑功能

（1）取 7474（双 D 触发器）芯片，按图 4-73 连线。

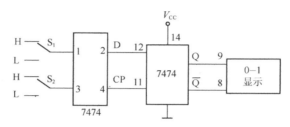

图 4-73　D 触发器逻辑功能测试电路

（2）按表 4-31 所列逻辑值进行实验，测试 D 触发器逻辑功能。

表 4-31　D 触发器功能表

初始态 Q^n	$Q^n=1$			$Q^n=0$		
D	0			1		
CP	0	↑↓	↑↓	0	↑↓	↑↓
Q^{n+1} 状态						

5．触发器功能转换

（1）把 D 触发器转换为 T'触发器，检验转换后的功能（实验电路自行设计）。

（2）把 J-K 触发器转换为 T 和 T'触发器，检验转换后的功能（实验电路自行设计）。

五、时序电路制作实验

1．制作同步十进制计数器

（1）在实验板上，用 3 个 J-K 触发器（74110）和 1 个二输入端四与非门（7400）按本章图 4-18（a）搭接同步十进制加法计数器电路，接线方法如图 4-74 所示。

实验的接线方式读者可自己设计，尤其是对 7400 这样的多单元电路，在设计实际电路接线时，要选用接线短而方便、减少线路交叉的连接方式，不必拘泥于原理图的安排。

（2）检验清零功能。

（3）检验计数功能，用手拨动计数脉冲电路的输入开关，观察（或检测）、记录计数器的 4 位输出端的状态，并把观察（检测）结果填入表 4-32。

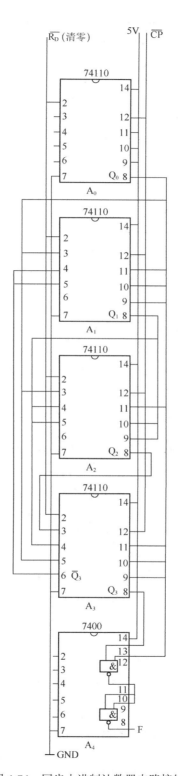

图 4-74 同步十进制计数器电路接线

表 4-32　二-十进制计数功能表

CP 序数	Q_4	Q_3	Q_2	Q_1
1				
2				
3				
4				
5				
6				
7				
8				
9				
10				

（4）按记录表的数据画出计数器的输出波形。

2．十进制计数器的自启动功能检测

（1）利用前面实验搭接的同步十进制计数器电路。

（2）分别给电路输入 6 个无效状态（1010、1011、1100、1101、1110、1111）作为计数器的初始值。

（3）用手动方式输入计数脉冲，观察（或检测）、记录计数器的四位输出端的状态，确认计数器有无自启动功能，在哪种初始值能实现自启动。

3．制作用计数器驱动循环灯

图 4-75 所示为一例用十进制计数器驱动的循环灯电路。

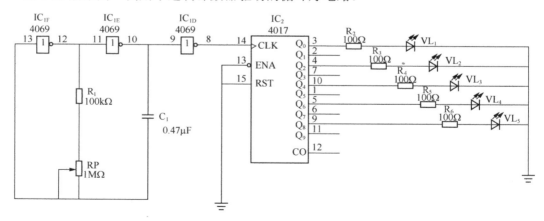

图 4-75　循环灯电路

电路由两部分组成，主体电路用图 4-59 介绍的 4017B（十进制计数/脉冲分配器），用 4069（6 非门）中的 2 个非门构成频率可调的脉冲振荡器（参见第 5 章内容），1 个非门作为隔离、倒相，输出的方波作为计数脉冲，驱动十进制计数器，计数器输出 4 位 BCD 码，再由译码器将 BCD 码转换成 10 个依次排列的单脉冲输出，驱动发光二极管（LED）发光，形成循环灯。本电路只接了 5 个 LED。图 4-76 为接线方法。

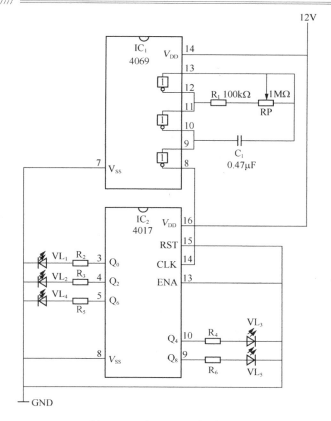

图 4-76   循环灯电路接线方法

用循环灯电路中的脉冲振荡器输出的连续脉冲可作为 1、2 两实验电路的计数脉冲，使电路连续动作。

第5章
半导体存储器和可编程电路

半导体存储器是计算机的重要硬件之一，在 ROM 功能基础上开发出的可编程逻辑器件（PLD）为数字电路设计、制作提供了新的器件。

第1节 半导体存储器

半导体存储器是当前各类计算机的主要记忆体，与中央处理器（CPU）配合工作的重要部件。按照计算机的运行需要，随机存储器（RAM）和只读存储器（ROM）都是不可缺少的。

一、随机存储器（RAM）

在加电状态下，随机存储器（Random Access Memory，RAM）允许随时对其中任意一个存储单元进行读、写操作，断电后信息便完全消失。它在计算机中用于存放随时可能更换的程序和数据。

随机存储器集成电路通常由存储单元矩阵（称为存储体）以及地址译码器、读写控制电路 3 个基本部分组成，如图 5-1 所示。

存储体是存储器的主体，存储器的存储单元数量 M 与外接地址线数 N 相对应，它们的关系是 $M=N^2$（有的存储器产品为减少电路引出线，将地址信号分两次输入，$M=2^{2N}$）。

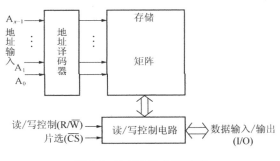

图 5-1 RAM 的内部结构

译码电路的作用是把地址线的 2^N 种信号组合译成 2^N 个独立的信号，指向 2^N 个存储单元。

读写控制电路用于控制数据线对信号的传输方向。读操作时，数据由地址信号选定的存储单元送到数据线上传向芯片外，存储单元内的信息保持原状态不受影响；写操作时，数据信号由数据线传入，地址信号选定的存储单元内的原有信息被新内容所覆盖。

计算机中传输数据信号的数据总线是分时双向的。

随机存储器有静态与动态两种。

1. 静态 RAM（SRAM）

静态 RAM 的存储体用第 5 章介绍的数据锁存器构成。这种 RAM 存储信息稳定，在正常加电状态下可永久不变。数据锁存器写入数据是靠电路状态变化实现的，速度快（尤其是 TTL 电路构成的锁存器），读写速度能与高速 CPU 的动作匹配。但是，这种结构的 RAM 集成度低，功耗大，多用于小规模的微控制系统中。

图 5-2 所示为 2114 静态 RAM 芯片的内部结构图。

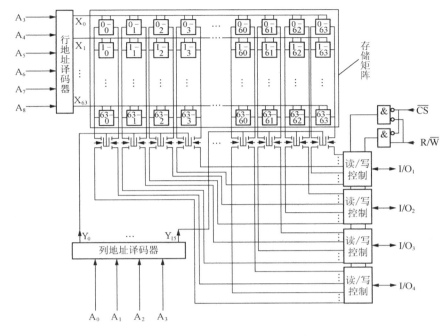

图 5-2　2114 静态 RAM 内部结构图

2114 RAM 芯片属于静态 RAM，存储体为 1 024 个存储单元，每个单元 4 位。每个存储位是一个静态触发器。触发器除用 TTL 的与非门、或非门构成外，也可以用 MOS 管构成。图 5-3 所示为 NMOS 管构成的一位静态存储体，其中 $T_1 \sim T_4$ 组成基本 R-S 触发器，记录 1 位二进制代码，其他都是门控管，控制数据传输方向。

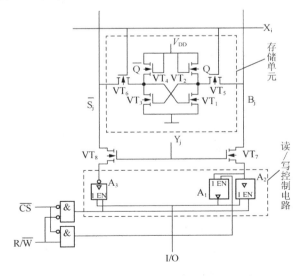

图 5-3　用 NMOS 管构成的静态存储单元

2．动态 RAM（DRAM）

动态 RAM 的存储功能是利用场效应管栅极的电容效应实现的。由于电容充电后会通过相关电路逐渐放电，使信息不能长久保持，所以需要不断刷新。电容的充放电动作使得动态 RAM 的读、写操作速度较静态 RAM 慢得多，但电路结构简单，集成度高，功耗小。图 5-4 所示为动态 RAM 的一种存储电路结构。

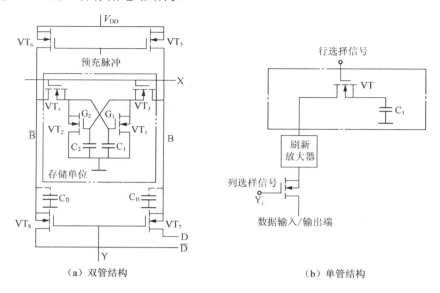

（a）双管结构　　　　　　　　　　（b）单管结构

图 5-4　动态 RAM 的存储电路

在图 5-4（a）中 VT_1 和 VT_2 及它们的栅极电容 C_1 和 C_2 构成一位存储体，VT_1 和 VT_2 构成互锁电路。一个截止，另一个导通，互相锁定。X 和 Y 两信号来自地址线的译码电路，当存储体被选中时，X、Y 信号均为高电平，VT_3、VT_4 和 VT_7、VT_8 都处于导通状态，VT_2 栅极电位通过 VT_3、VT_7 与 D 接通，VT_1 栅极电位通过 VT_4、VT_8 与 $\overline{D}$ 接通。$G_1 = 1$、$G_2 = 0$ 称为存储体的 0 态，$G_1 = 0$、$G_2 = 1$ 称为存储体的 1 态。预充脉冲用于使 VT_5、VT_6 导通连接电源 V_{DD} 给位线 B、$\overline{B}$ 上的电容 C_B、$C_{\overline{B}}$ 充电，以保证存储体读/写操作的可靠性。

以 VT_1 和 VT_2 及 C_1 和 C_2 构成的存储体虽然具有互锁结构，但 C_1 或 C_2 的缓慢放电是不可避免的，所以，反复刷新是这种 RAM 维持信息的关键性技术。

图 5-4（b）所示的存储体结构更简单，由一只管子与一只电容构成。地址译码电路输出的 X 和 Y 信号选中存储体，使两只场效应管导通，电容 C 与数据线接通，便可进行数据读/写和刷新操作。

在现代微型计算机中，使用动态 RAM 制作的大容量存储器以满足计算机对存储空间的需求，又使用静态 RAM 作为高速缓冲存储器（Cache）以解决动态 RAM 与 CPU 的速度匹配问题。

二、只读存储器（ROM）

根据计算机的运行需要，支持机器启动的基础软件及一些重要信息应能在加电后自行恢复，这就需要一种能在断电状态下不丢失信息的存储器，这种存储器的内容平时只能进行读操作，称为只读存储器（Read Only Memory，ROM）。这类存储器有掩膜型 ROM（ROM）、可编程 ROM（PROM）、紫外线擦除的可编程 ROM（EPROM）、电擦除的可编程 ROM（EEPROM 或 E^2PROM）等。当前各类计算机系统普遍使用的闪速存储器也是一种 E^2PROM。ROM 芯片的结构跟 RAM 的结构相似，也是由存储体矩阵、地址存储译码、读控制器等组成的，但存储体的构成方式与 RAM 区别很大。

1．掩膜式 ROM

ROM 各存储单元内记录的值是固定的，而且只由 0、1 两种位值组成。从结构上看，数据线是输出线，地址译码器的输出线是对各存储单元的选择线。所以，让数据线对应两种位值中的一种：0 或者 1，由地址译码器的输出线控制变值电路，这样每个存储单元的固定值就形成了。

掩膜 ROM 是采用掩膜工艺制作的 ROM，如图 5-5 所示。存储体由地址译码器的输出线与数据线的交叉网络及二极管构成，为 4 位四存储单元的结构。当使能信号 $\overline{EN}$ 为低电平时，输出缓冲器被打开，存储体与数据线接通。译码器对地址信号 A_1、A_0 译码，输出线为 W_3、W_2、W_1、W_0，4 条线的状态都为高电平。4 条输出线各对应一个 4 位的存储单元，称为字线。数据线各对应一位数据，称为位线。

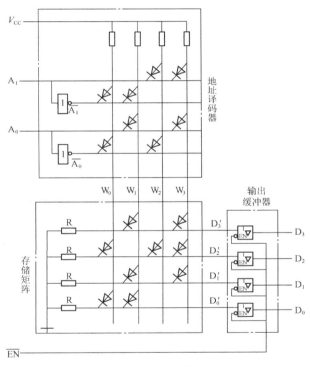

图 5-5　二极管 ROM 的结构示意图

存储体实质是一个编码器，数据线的原状态都是低电平"0"，高电平的数位由二极管跨接到字线上拉为高电平"1"。各单元的数据如表 5-1 所示。

表 5-1　图 5-5ROM 的数据表

地　　址		数　　据			
A_1	A_0	D_3	D_2	D_1	D_0
0	0	0	1	0	1
0	1	1	0	1	1
1	0	0	1	0	0
1	1	1	1	1	0

掩膜 ROM 的结构工艺简单，但数据只能在芯片制作过程中形成，适合大批量生产可降低成本。

2. 可编程的 ROM（PROM）

PROM 的存储体结构原理与掩膜 ROM 相似，仍是用地址译码器的输出线（字线）与数据线（位线）的交叉网络及连接件构成存储体，在 PROM 中数据是未知的，要在位线与字线的所有交叉点上都设置连接件，常用的连接件有二极管或熔断器。编程原理是将二极管击穿或把熔断丝烧断。在 PROM 中，二极管反向偏置的，这种 PROM 芯片出厂时存储单元各位都是 0。写入数据时，数据为 0 的位，二极管不动（位线和字线为不连接状态），数据为 1 的位，用高电压（称为写入电压）将二极管击穿，使位线跟字线连接，数据就变为 1。

用熔断器构成连接件的 PROM 存储体如图 5-6 所示。这种 PROM 的初值全为 1，写入数据时将熔断丝烧断，数据变为 0。

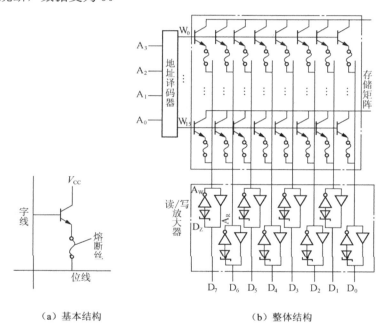

（a）基本结构　　　　　　　（b）整体结构

图 5-6　熔断器式 PROM

二极管击穿和熔断丝烧断都不能再恢复原状，所以，PROM 只能写入一次，适用于保存调试定型的软件或数据。

3. 可擦除的可编程 ROM（EPROM）

从 PROM 的存储体结构看，只要将字线和位线的连接件换成可控制的开关器件，即可实现反复改写的需要。如图 5-5 所示的 ROM，位线的原状态为低电平"0"。若将位线的初始状态设为高电平"1"，在位线跟地线之间接一个可编程的开关器件，就可控制位线电平状态，字线只作为对存储单元的选择，这就是可编程存储器的结构基础。

在 EPROM 结构中，使用具有特殊栅极结构的 MOS 管作为可控制开关。这种特殊结构的 MOS 管有浮置栅和叠栅两种，如图 5-7 所示。这两种特殊结构的栅极能长久保存电荷，又能在较强的紫外线照射下释放电荷，实现擦除信息的效果。

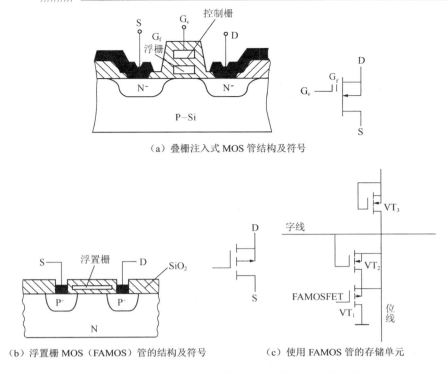

（a）叠栅注入式 MOS 管结构及符号

（b）浮置栅 MOS（FAMOS）管的结构及符号　　　（c）使用 FAMOS 管的存储单元

图 5-7　叠栅和浮置栅结构的 MOS 管及存储体结构

　　这种特殊结构的 MOS 管在栅极带有足够的电荷时呈导通状态，电荷释放后呈截止状态。图 5-8 所示为 EPROM 实际产品 2716 的外形、引脚功能分布及内部结构，用于紫外线照射的石英玻璃窗口是 EPROM 的标志性装置。2716EPROM 以 8 位（一个字节）为一个存储单元，共 2 048 个存储单元(位容量为 2 048×8 bit)。编程的高压为 25V，每个字节的写入时间为 50ms。

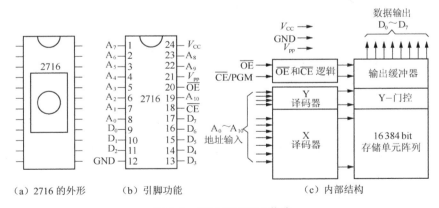

（a）2716 的外形　　（b）引脚功能　　　　　　　（c）内部结构

图 5-8　2716 EPROM 芯片

4. 电擦除的可编程 ROM（E^{2}PROM）

　　EPROM 内的信息虽然可以擦除和重复编程，但两种操作都要在专门设备上操作，不能在使用电路中随时进行。随着现代计算机技术的发展，需要具有 RAM 和 ROM 双重功能的存储器的场合越来越多，显然 EPROM 不能适应这种需要，应运而生的是电擦除的可编程 ROM（EEPROM 或 E^{2}PROM）。

　　在 E^{2}PROM 的存储体中使用了浮栅隧道氧化层 MOS 管的器件，它的结构及用它构造的

E^2PROM 存储体如图 5-9 所示。

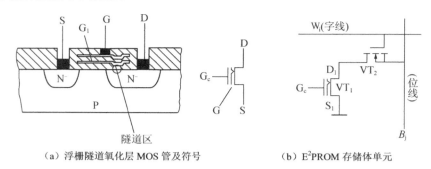

（a）浮栅隧道氧化层 MOS 管及符号　　　　　　（b）E^2PROM 存储体单元

图 5-9　浮栅隧道氧化层 MOS 管及 E^2PROM 存储体结构

浮栅隧道氧化层 MOS 管的栅极保持浮置栅或叠栅的性能，可以长久保存电荷，隧道氧化层结构的引入使栅极电荷的释放不再用紫外线照射，图 5-10 所示为 E^2PROM 存储体三种操作状态的加电要求。

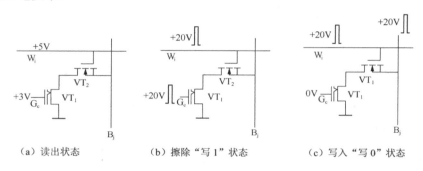

（a）读出状态　　　　　　（b）擦除"写1"状态　　　　　　（c）写入"写0"状态

图 5-10　E^2PROM 存储体三种操作状态

更新的 E^2PROM 称为快闪存储器（又叫闪速存储器），存储体中的开关器件又有新的改进，并且简化了存储体结构。同时又将升压电路集成在芯片内，擦除和改写所需的高压脉冲都在芯片内形成，使得存储器使用与 RAM 一样方便，并且有断电不丢失信息的特性。快闪存储器所使用的 MOS 管及存储体电路结构如图 5-11 所示。

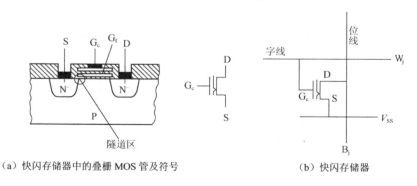

（a）快闪存储器中的叠栅 MOS 管及符号　　　　　　（b）快闪存储器

图 5-11　快闪存储器所使用的 MOS 管及存储体电路结构

三、存储芯片的引脚设置和计算机存储体的扩展

1．存储芯片引脚的设置

为适应使用的需要，各类存储器的存储容量都尽可能大，而芯片外的引脚设置与内部存

储体的结构是相对应的，存储体有 2^N 个存储单元就需要 N 条地址线，每个存储单元有多少存储位就需要有多少数据线。为减少芯片的外部引脚，将地址线分两次送入，地址线可减少一半，但芯片内外电路都要增加地址锁存器和控制片内地址锁存器的行选通（RAS）、列选通（CAS）引脚信号。减少存储单元的位结构，既可减少芯片的数据线引脚，又可减小数据总线的负荷，提高数据传输的可靠性。常用的 RAM 芯片有 1 位、2 位、4 位、8 位等几种单元结构。只读存储器多采用 8 位结构。

2．存储体的位扩展

计算机使用的数据通常以字节（8 位）为单位，存储器部件（俗称内存条）多用 1 位结构的存储芯片以位扩展方式构成 8 位存储体。图 5-12 所示为位扩展结构的示意图。

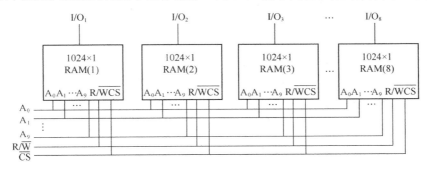

图 5-12   RAM 位扩展

3．存储体的字扩展

单片存储器的容量极为有限，为扩展存储体的总容量，就需要把多片存储器联合起来使用（又称为字扩展）。为使地址线信号与被选中的存储单元一一对应，对地址线信号需进行由低位到高位的逐级译码。低位地址线的译码由存储器内部的译码器承担，高位地址线的译码由芯片外的译码电路形成对每个（或每组）芯片的片选信号（$\overline{CS}$）。扩展接线如图 5-13 所示。

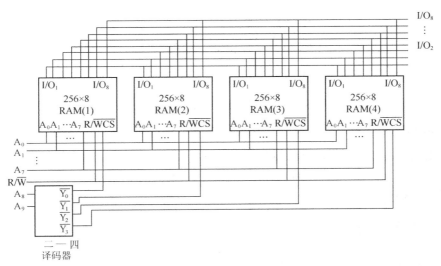

图 5-13   存储器的字扩展

第2节　可编程器件的基础知识

编程是指通过对一个电路进行数据输入，可以变换电路的工作方式或功能，通常所说的编程包括数据、参数和程序、指令等各类内容的写入。受可编程电路内部存储器类型的制约，电路能够接受的编程方式有随机和永久两种类型。

随着计算机技术的高速发展，计算机电路的规模不断增大，对逻辑电路进行宏观压缩和多功能性的需要成为必然，可编程逻辑器件（PLD）就是通过编程可灵活地构成多种逻辑功能的新型数字集成电路产品。

一、PROM 电路的结构特点及应用

1. PROM 电路的结构特点

从图 5-6 所示的 PROM 电路结构和图 5-14 所示的与、或阵列可以看出，地址译码器是由二极管组成的与门电路，地址译码器每个输出信号各对应一个以全部地址输入信号为变量的最小项。存储体则是由二极管组成的或门电路，PROM 的输出信号实际是输入信号不同组合关系的与或逻辑函数。由此可见，PROM 电路实际是一个输入信号相同、多输出端的与或逻辑电路群，能方便地同时实现多种组合逻辑功能，由 PROM 输出的是多个用标准与或表达式表示的逻辑函数。

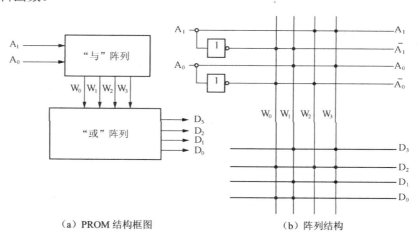

（a）PROM 结构框图　　　　　（b）阵列结构

图 5-14　ROM 的与阵列和或阵列

2. PROM 特性的应用

利用 PROM 的可编程特性，就可以搭接出各种功能的组合逻辑电路，如序列信号发生器、数据表、字符发生器等。配合相应的触发器还可组成时序逻辑电路。

可编程逻辑器件（PLD）就是以 PROM 电路为基础开发出的新型逻辑电路。

二、PLD 电路的基本类型及特点

图 5-15 所示为 PLD 电路的内部结构组成。

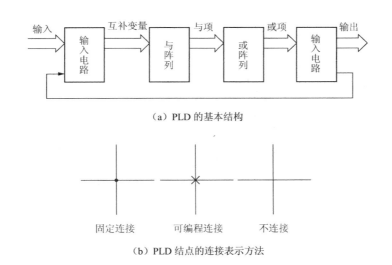

（a）PLD 的基本结构

固定连接　　　可编程连接　　　不连接

（b）PLD 结点的连接表示方法

图 5-15　PLD 的结构和连线示意图

　　PROM 电路只能对记忆体编程，即只能对或门阵列编程，虽然可方便地构制出各种功能的组合逻辑电路，但与门阵列不具有编程特性，也就不能对函数进行任何化简。与门阵列的输出信号相对于全部（n 个）变量的 2^n 个全变量乘积项。每个输出函数的电路都跟标准与或式相对应，而不是最简与或式。为此，在可编程逻辑器件电路中，首先使与门阵列具有可编程特性，就可以按函数的最简与或表达式构成"与"阵列，然后再用乘积项的或运算构成"或"阵列。这样，构成实际逻辑函数的"与"阵列不再是标准与或式，而是经过化简的乘积项。

　　依据 PLD 可编程位置的不同，形成 3 种特性不同的电路类型，如表 5-2 所示。

表 5-2　PLD 产品结构分类及性能对照

分　类	与　阵　列	或　阵　列	输出电路
可编程 ROM（PROM）	固定	可编程	固定
可编程阵列逻辑（PAL）	可编程	固定	固定
通用阵列逻辑（GAL）	可编程	固定	可组态
可编程逻辑阵列（PLA）	可编程	可编程	固定

　　对 PLD 编程操作和 PROM 一样，都要在专用的编程器上进行。

1．可编程阵列逻辑电路（PAL）

　　可编程阵列逻辑（PAL）中只有与门阵列具有可编程特性，或门阵列是固定的，图 5-16（a）所示为 PAL 的内部阵列结构。用这种电路组构的逻辑函数，每个函数都是含有 2^N（N 为电路输入信号数量）个乘积项的与或表达式，其中有用乘积项被编程简化，图 5-16（b）所示为一例用 PAL 构成的逻辑函数。

　　如图 5-16（b）所示逻辑函数：

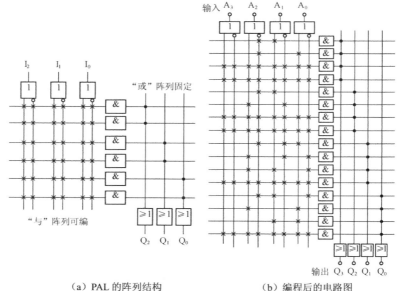

（a）PAL 的阵列结构　　　　　（b）编程后的电路图

图 5-16　PAL 电路

$$Q_3 = \overline{A_2}A_1 + \overline{A_2}A_0$$

$$Q_2 = \overline{A_2}A_1 + A_2\overline{A_1}$$

$$Q_1 = \overline{A_2}\overline{A_1}A_0 + A_2\overline{A_1}\overline{A_0} + A_2A_1\overline{A_0}$$

$$Q_0 = \overline{A_2}A_1\overline{A_0} + A_2A_0 + A_1A_0$$

用 PAL 电路可以替代很多不同功能的数字集成电路。

2. 可编程逻辑阵列电路（PLA）

PLA 的与门阵列和或门阵列都可以编程，因此用 PLA 电路可以实现各种组合逻辑函数的最简结构。

1）用 PLA 制作组合逻辑电路

如图 5-17 所示为 8421 码转换为格雷码的 PLA 电路结构示意图，输入 8421 码，输出格雷码。按照 8421 码与格雷码的对应关系，用 B_3、B_2、B_1、B_0 表示 8421 码，格雷码用 G_3、G_2、G_1、G_0 表示，它们之间的逻辑真值如表 5-3 所示。

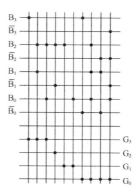

图 5-17　8421 码转换为格雷码的 PLA 电路编程示意图

表 5-3　8421 码转换为格雷码逻辑真值表

输入 8421 码	输出格雷码			
B3B2B1B0	G3	G2	G1	G0
0000	0	0	0	0
0001	0	0	1	1
0010	0	0	0	1
0011	0	0	1	0
0100	0	1	1	0
0101	1	1	1	0
0110	1	0	1	0
0111	1	0	1	1
1000	1	0	0	1
1001	1	0	0	0

逻辑表达式（经化简）如下：

$$G_3 = B_3 + B_2 B_1 + B_2 B_0$$

$$G_2 = B_2 \overline{B_1}$$

$$G_1 = B_2 + B_0$$

$$G_0 = B_3 \overline{B_0} + B_2 B_1 B_0 + \overline{B_2} B_1 \overline{B_0} + \overline{B_3} \, \overline{B_2} \, \overline{B_1} \, \overline{B_0}$$

如图 5-18 所示为 PLA 电路构成的组合型可编程阵列逻辑简单实例。

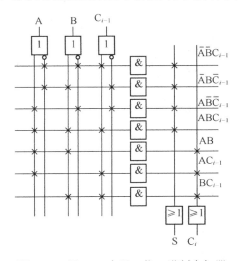

图 5-18　用 PLA 实现一位二进制全加器

2）用 PLA 制作时序逻辑电路

在 PLA 内部，虽然与阵列和或阵列都可以编程，但信号只能从输入端传输到输出端，即只能编程生成组合逻辑电路，要制作时序逻辑电路，必须在外部添加触发器形成。

如图 5-19 所示为可编程时序阵列逻辑电路。

时序电路的记忆性由触发器或信号反馈电路实现，这种结构在图 5-19 所示电路中很明显。

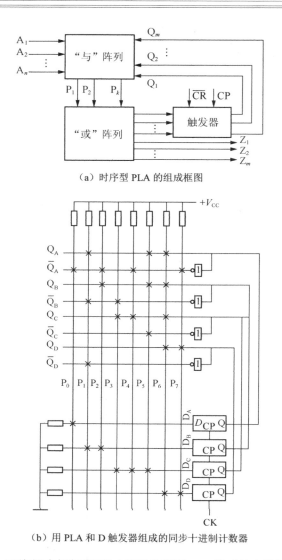

（a）时序型 PLA 的组成框图

（b）用 PLA 和 D 触发器组成的同步十进制计数器

图 5-19　可编程时序阵列逻辑电路结构和用 PLA 构成的十进制计数器

3. 通用阵列逻辑电路（GAL）

从表 5-2 看出，GAL 电路的基本结构和 PAL 电路一样，都由与门、或门两种阵列和输出电路组成，并且都是与门阵列可编程，或门阵列固定。有所不同的是 PAL 电路的输出电路是固定的，用户只能对与门阵列编程。

16V8 是 GAL 产品中被普遍应用的典型芯片。图 5-20 所示是它的常用封装形式及引脚信号分布。

GAL 电路的输出电路可以按需要设置不同状态的输出方式。所以，GAL 在逻辑功能上完全可以仿真 PAL 电路，但多种状态的输出方式使 GAL 成为一种构造灵活、性能优越、功能可靠的可编程逻辑器件。GAL 每个输出端的电路结构如图 5-21 所示。OLMC 可由设计者重组态为 4 种基本输出类型的模式：专用组合输出、专用输入、I/O、寄存器输出。在 GAL 内部，可编程生成各种触发器，制作时序逻辑电路。

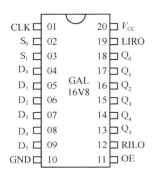

图 5-20　GAL16V8 的封装外形及引脚信号分布

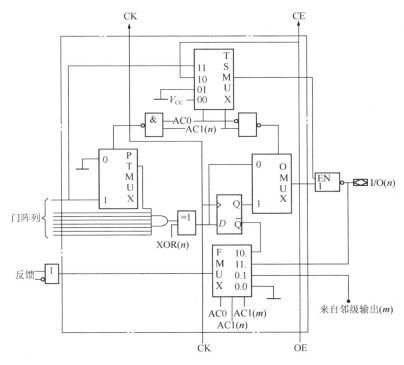

图 5-21　GAL 输出电路单元 OLMC 结构

16V8 有 8 个基本输入端（2～9 脚），最多可扩展到 16 个；输出端最多为 8 个，芯片型号中的数字就表示它的输入、输出特性，GAL 器件的其他芯片型号也是这种含义。

GAL 器件在功能和性能上几乎可以取代各种系列中小规模数字逻辑的标准器件，可编程形成组合逻辑电路和时序逻辑电路。它具有双极型器件的高速性能，而功耗却只有双极型器件的 1/2 或 1/4。E^2CMOS 工艺使它可以反复擦除、改写，擦除时间仅为 10ms。更新型的 GAL39V8 的逻辑功能是跟 PLA 电路相同的，与阵列和或阵列都具有编程功能。

 本章小结

（1）RAM 和 ROM 是构成计算机记忆体的常用器件。RAM 有静态（SRAM）和动态（DRAM）两种基本类型。ROM 有掩膜式、PROM、EPROM、E^2PROM 和闪速存储器 5 种类型。不同类型的 RAM 和

ROM 都分别有不同应用要求的电路环境。

　　（2）计算机记忆体的构成通常有位扩展和字扩展两个步骤。

　　（3）PROM 的与阵列和或阵列结构成为可编程器件（PLD）电路基础，新型逻辑器件 PAL、PLA、GAL 为逻辑电路的设计展开了新的途径。

　　（4）可编程的 ROM 和 PLD 的编程操作需要在专门的编程设备上进行。

习题 5

5.1　RAM 有哪几种类型？各有什么特点？

5.2　ROM 有哪几种类型？各适用于什么场合？

5.3　ROM 和 RAM 在计算机电路中各有什么作用？

5.4　在计算机电路中怎样实现位扩展？怎样实现字扩展？

5.5　说明 PAL 器件与 ROM 的关系及区别。

5.6　说明 GAL 与 PAL 的区别。

5.7　简述 PAL 和 GAL 器件的应用。

5.8　简述 PLA 电路的特点。

实验 5：EPROM 编程与擦除

一、实验目的

了解 EPROM 存储器内容擦除与编程（写入）操作。

二、实验准备

知识准备：复习 EPROM 存储器的结构和特点。

器材准备：紫外线灯、编程器、25V 电源、电脑、EPROM、16V8 芯片。

三、实验内容和操作方法

1．擦除 EPROM 芯片中的原有内容

　　（1）取一片写有内容的 EPROM 存储器，在编程器上读它的内容。编程器外形如图 5-22 所示。编程器要连接计算机才能使用。

　　（2）将 EPROM 芯片上的保护纸揭掉，并把石英玻璃窗擦拭干净。然后把它放入紫外线擦除器内的支架上。紫外线擦除器的外形如图 5-23 所示。

　　（3）给擦除器接通电源，持续 25～30min，取出 EPROM 芯片。

　　（4）把芯片接入编程器，再次读看里面的内容，检查擦除效果（擦除干净后的字节内容都是十六进制数 FF）。

2．对 EPROM 编程

　　（1）打开连接有编程器的电脑，运行编程器的支持软件。

（2）将 EPROM 芯片放在编程器的插座内，锁紧。选择所接 EPROM 芯片的型号。

（3）任选一段小于 EPROM 存储器容量的二进制数据（或其他软件），将其写入芯片。

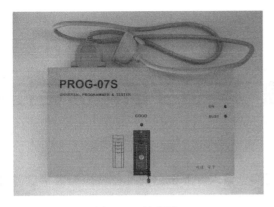 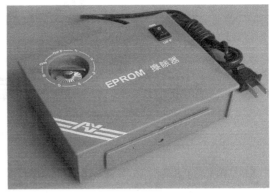

图 5-22　编程器　　　　　　　　　　　图 5-23　紫外线擦除器

写入数据的 EPROM 要及时用不透光的封签（涂有不干胶）把写入窗封住，不做擦除不能再见光。

（4）再对芯片做读操作，检查写入效果。

第6章

模拟信号与数字信号的转换

数字系统的核心是数字式电子计算机，任何信息输入计算机之前都要转换为数字信号将模拟信号（Analog）转换为数字信号（Digtal）需要专门的电路，称为"模/数转换电路"（或叫 A/D 转换电路）。将数字信号还原为模拟信号的电路称为"数/模转换电路"（或叫 D/A 转换电路）。这两种电路通常是数字系统中计算机与模拟设备的输入、输出接口电路。数字系统与模拟设备连接如图 6-1 所示。

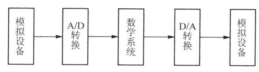

图 6-1　数字系统与模拟设备连接

A/D 和 D/A 之所以叫转换电路，而不叫编码器、译码器，原因在于这里表示模拟信号的数字信息是二进制数，不是随意编制的二进制代码。

第 1 节　D/A 转换电路的基础知识

一、数字信号转换为模拟信号（D/A）的原理

把模拟信号转换为数字信号使用有权型数字码，所以，D/A 转换电路是将有权型数字码（并行数据）转换为模拟电压信号，其电路结构如图 6-2（a）所示。

1. 电路组成

电路由两部分组成，一部分是电阻和电子开关组成的线性网络，负责将输入的数字信号按各位的权值转换为相应的电流；另一部分为运算放大器，负责将信号叠加、放大，转换为相应的电压，如图 6-2（b）所示。

2. 转换原理

运算放大器工作在单端反相输入的闭环放大方式，负反馈电阻为 R，电流叠加点 A 为"虚地"，接在线性网络中电子开关的 I_{o1}，而 I_{o2} 则是真正地线。很显然，相对线性网络而言，流入电流 I_{o1} 与 I_{o2} 是相同的，电子开关的动作变换对线性网络的电流分配不产生任何影响。线性网络由若干个节单元组成，每个节的电路结构相同，从任何位置向右看，等效电阻都相同，如图 6-2（c）所示。

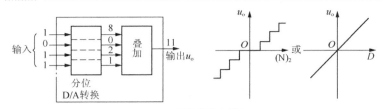

（a）D/A 转换的基本原理

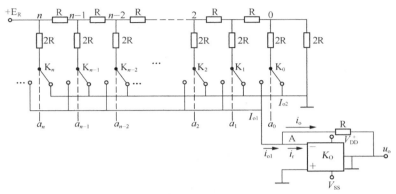

（b）D/A 转换电路结构

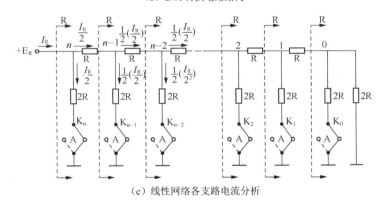

（c）线性网络各支路电流分析

图 6-2　D/A 转换电路

图中 E_R 为稳定的基准电源，以使各支路的电流稳定可靠。线性网络的总电流为

$$I_R = E_R / R \tag{6-1}$$

由左向右，第 1 个支路电流为 $I_R/2$，第 2 个支路的电流为 $I_R/4$，……每一个支路的电流都是前一个支路电流的 1/2，与二进制数各位的权值关系相同。需要转换为模拟量的二进制数据从线性网络的右端由低到高接在各电子开关的控制端，当数据为 1 时，开关打向 I_{o1}；数据为 0 时则打向 I_{o2}，在 A 点便是数据为 1 的各支路的电流之和。这个电流和经运算放大器转换为电压输出，u_o 就是与输入的数字信号相对应的模拟电压信号。

二、实际数字电路产品中的 D/A 典型电路

成品的 D/A 转换电路芯片种类很多，图 6-3 所示为国产 5G7520（CMOS）10 位 D/A 转换芯片的信号分布及使用接线，采用 DIP（双列直插）式封装。

图中 $a_0 \sim a_9$ 为数字量输入端，最低有效位用 LSB 表示，最高有效位用 MSB 表示；I_{o1} 为模拟信号电流输出端，I_{o2} 为 D/A 芯片内部接地端；V_R 为基准电压输入端；V_{DD} 为电子开关偏

置电源引入端，V_{SS} 为地线。使用时需外接运算放大器，以便将输出的模拟电流转换为模拟电压。运算放大器所需的反馈电阻（R_f）在 D/A 芯片内部；R_{FB} 为接至运算放大器输出端的反馈电阻引出端。

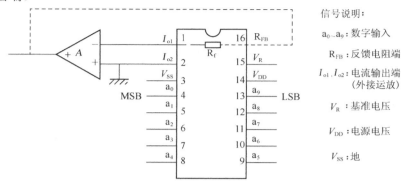

图 6-3　5G7520 D/A 转换器引脚接线图

信号说明：
a₀~a₉：数字输入
R_{FB}：反馈电阻端
I_{o1},I_{o2}：电流输出端（外接运放）
V_R：基准电压
V_{DD}：电源电压
V_{SS}：地

5G7520 芯片相当于国外产品 AD7520 或 AD7533。

第 2 节　模拟信号转换为数字信号（A/D）

A/D 转换电路的功能是把一定范围内的模拟电压转换为二进制数码表示的数字量，转换过程一般经过取样、保持、量化、编码 4 个步骤，由 A/D 转换电路输出的多为二进制数据。

一、并行电压比较型 A/D 转换器

1. 转换原理

1）取样电路

A/D 转换电路的输入信号是连续变化的模拟量，输出为数字信号。要用数字信号表示模拟信号，首先就要把模拟信号按时间顺序给予分段，将连续变化的模拟信号分割为离散的脉冲信号，这个操作由取样电路完成。图 6-4 所示为取样电路的结构和波形示意图。

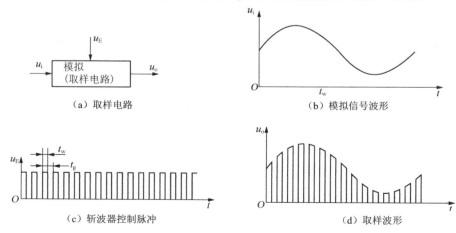

图 6-4　取样电路的功能

取样电路实质上是一个斩波器，u_E 是斩波器的开关脉冲，脉冲频率越高，时间分段越细，转换精度越高。

2）保持电路

取样得到的若干个幅度不等的电压脉冲，要经过量化、编码才能转换为数字信号，而转换需要一定时间，在转换过程中，要求取样电压必须稳定，保持电路就用于实现这一功能。图 6-5 所示为取样与保持电路的实际组成。

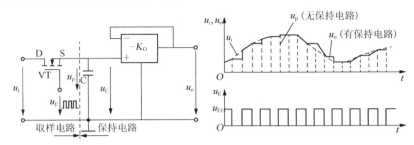

图 6-5　取样与保持电路

绝缘栅型 N 沟道 MOS 管起斩波器作用，K_o 为线性放大组件接成电压跟随器，其输出电压 $u_o=u_C$。利用电容 C 两端电压不能突变的特性保持电压的短时间稳定。

3）量化与编码电路

取样、保持电路输出的电压转换在数字信号之前，要先转换为代表不同幅度的单一信号，再由这种单一信号控制编码器输出不同的编码，这一变换操作称为量化。

2．电路组成

图 6-6 所示为 3 位并行 A/D 转换器的电路结构。

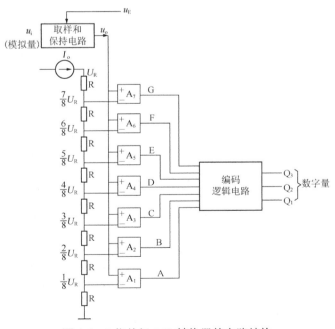

图 6-6　3 位并行 A/D 转换器的电路结构

$A_1 \sim A_7$ 为 7 个电压比较器；恒流源 I_o 和 8 个电阻串联的电路为 7 个电压比较器提供逐级升高的基准电压；$A_1 \sim A_7$ 分别输出代表 7 个电压级别的有效脉冲信号 A，B，C，D，E，F，

G；编码器负责完成对 7 个独立出现的离散脉冲进行编码，输出 3 位二进制数据。这个 A/D 转换电路的逻辑功能如表 6-1 所示。

表 6-1　并行 A/D 转换器逻辑功能表

u_i	比较器输出							转换器输出		
	A	B	C	D	E	F	G	Q_3	Q_2	Q_1
$U_R \geqslant u_i > \dfrac{7}{8}U_R$	1	1	1	1	1	1	1	1	1	1
$\dfrac{7}{8}U_R \geqslant u_i > \dfrac{6}{8}U_R$	1	1	1	1	1	1	0	1	1	0
$\dfrac{6}{8}U_R \geqslant u_i > \dfrac{5}{8}U_R$	1	1	1	1	1	0	0	1	0	1
$\dfrac{5}{8}U_R \geqslant u_i > \dfrac{4}{8}U_R$	1	1	1	1	0	0	0	1	0	0
$\dfrac{4}{8}U_R \geqslant u_i > \dfrac{3}{8}U_R$	1	1	1	0	0	0	0	0	1	1
$\dfrac{3}{8}U_R \geqslant u_i > \dfrac{2}{8}U_R$	1	1	0	0	0	0	0	0	1	0
$\dfrac{2}{8}U_R \geqslant u_i > \dfrac{1}{8}U_R$	1	0	0	0	0	0	0	0	0	1
$\dfrac{1}{8}U_R \geqslant u_i > 0$	0	0	0	0	0	0	0	0	0	0

二、逐次比较型 A/D 转换器

1. 电路组成

逐次比较型 A/D 转换器的组成如图 6-7 所示。

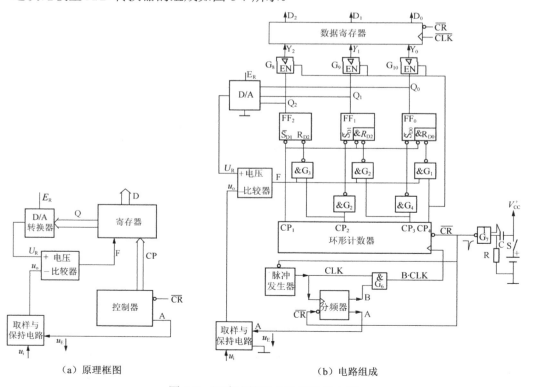

（a）原理框图　　　　　　　　　（b）电路组成

图 6-7　逐次比较型 A/D 转换器电路

2. 转换原理

使用逐次比较法进行 A/D 转换，第一步也是将被转换的模拟信号送入取样、保持电路，转换为按时间顺序依次排列的脉冲电压。把各种幅度的脉冲电压转换成数字信号的过程在控制器的操作下完成。

控制器以环形计数器和二进制计数器为主要结构。环形计数器在脉冲发生器的驱动下循环动作输出相应的脉冲，二进制计数器在环形计数器与电压比较器的双重控制下进行计数操作；计数器输出的二进制数送入 D/A 转换器转换为模拟电压；D/A 转换器输出的模拟电压送入电压比较器与被转换的模拟电压样品进行比较，如果两个电压相等，则将计数器输出端的二进制数存入寄存器输出；否则驱动计数器输出下一个数据，再进行转换、比较。如此反复，直到两电压相等，再对下一个取样电压进行转换操作。这种转换原理类似模糊技术。

上述两种转换原理的 A/D 转换都不能在瞬间完成，转换速度决定着对模拟信号取样时间的划分。转换速度快，取样间隔短，斩波取样后的脉冲包络与原来的模拟波形接近，取样间隔长则波形误差大。所以 A/D 转换器的转换速度是一个重要参数。

A/D 转换精度是指转换器用于表示模拟电压的二进制数的数位多少。显然，数位越多，对模拟电压描述越细，越能反映出模拟量的微小变化。但是，A/D 转换器输出的二进制数位越多，内部结构越复杂。

三、实际 A/D 转换电路的典型产品

图 6-8 所示为一种常用的 A/D 转换集成电路 ADC0808 的引脚信号分布。

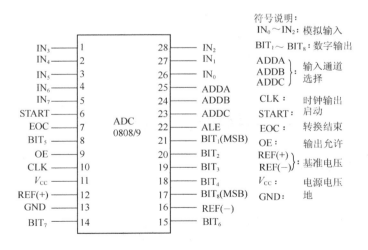

图 6-8　ADC0808 的引脚信号分布

ADC0808 为 8 路（$IN_0 \sim IN_7$）模拟输入的 A/D 转换器，模拟输入端的选择由 ADDC，ADDB，ADDA 三个输入信号确定（其逻辑真值见表 6-2）。输出数据为 8 位（$BIT_8 \sim BIT_1$）。CLK 为时钟信号输入端，OE 为输出允许信号，START 为启动信号，REF 为基准电压。

表6-2　ADC0808 模拟通道选择真值表

C	B	A	输入通道
0	0	0	IN_0
0	0	1	IN_1
0	1	0	IN_2
0	1	1	IN_3
1	0	0	IN_4
1	0	1	IN_5
1	1	0	IN_6
1	1	1	IN_7

 本章小结

（1）A/D、D/A 转换器是计算机与模拟型外围设备之间不可缺少的接口电路。A/D 转换器是对模拟信号的编码电路，D/A 是模拟信号的还原电路。模拟量转换为数字信号为模拟信号的处理、传输手段开拓了新领域，各种数字化的科研仪器、生产设备、生活电器在人类活动的各个领域已经发挥出令人瞠目的作用。

（2）转换速度与转换精度是 A/D、D/A 转换器的两个重要参数。

（3）在半导体集成电路产品中有各种性能的 A/D、D/A 转换器芯片可供选用。

 习题 6

6.1　A/D、D/A 所表示的功能是什么？

6.2　在计算机电路中 A/D 和 D/A 各起什么作用？

6.3　简述逐次比较法 A/D 转换的原理。

6.4　简述 A/D、D/A 的基本参数及其意义。

 实验 6：A/D、D/A 转换功能验证操作技能

一、实验目的和准备

1）实验目的

（1）尝试 A/D 转换效果，了解典型 A/D 转换的引脚分布。

（2）尝试 D/A 转换效果，了解典型 D/A 转换的引脚分布。

（3）巩固示波器的使用操作技术。

2）做必要的知识准备

（1）复习 A/D 转换原理及典型电路的引脚功能。

（2）复习 D/A 转换原理及典型电路的引脚功能。

（3）翻阅本书第 8 章，提前了解 555 定时器电路的引脚功能。

（4）复习数字万用表的使用，学习（或复习）示波器的使用方法。

3）器材准备

（1）数字电路实验箱。

（2）ADC0809、DAC0808（或 MC1408）、5G555、7493（4 位二进制计数器）、7411（运算放大器）、电容器、电阻、发光二极管、电位器等。

（3）示波器、数字万用表。

二、实验内容及步骤

1．A/D 实验

（1）按图 6-9 所示连接实验电路。IN_0 为模拟量的输入端，8 个 LED（发光二极管）为数字量输出的电平显示，CLOCK 为采样脉冲，采样脉冲用 555 定时器构成的多谐振荡器提供，电位器为模拟量调节元件。

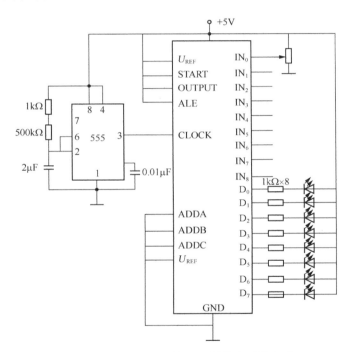

图 6-9　用 ADC0809 做 A/D 转换实验的电路

（2）调节电位器，并用数字万用表测量模拟量的输入值。

（3）计算与输入模拟量相对应的数字量，与电路中 LED 显示比较。

（4）设计记录表格，顺序调节电位器，重复上述实验过程和记录数据。检验电路 A/D 转换的线性状况。

2．D/A 转换实验

（1）按图 6-10 所示连接电路。$A_7 \sim A_0$ 为 8 位数字量的输入端，两只 7493 联级为 8 位二进制计数器，用时钟振荡器提供计数脉冲，模拟量由 I_{out} 端输出，经运算放大器 7411 处理后输入示波器显示波形。

（2）观察示波器显示的模拟量波形，确认 D/A 转换实验电路的性能。

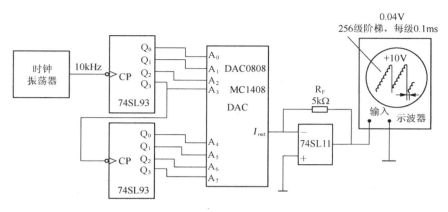

图 6-10　用 DAC0808 做 D/A 转换实验的电路

第7章
脉冲电路

脉冲电路是关注脉冲电压的波形、幅度、频率、占空比、功率放大等多种电气参数的电路，并以脉冲信号直接驱动负载。脉冲电压波形有多种，比较典型的几种如图 7-1 所示。

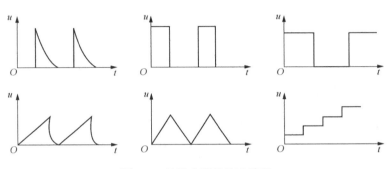

图 7-1　几种典型的脉冲波形

第1节　脉冲波形生成电路

能够产生各种脉冲电压波形的电路叫做脉冲信号源，是脉冲电路和数字系统中的重要组成部分，常用的有多谐振荡器和锯齿波形发生器两种。

脉冲电压波形产生电路有和模拟振荡电路一样的反馈型自激振荡，还有弛张振荡（本书暂不涉及），电路中的晶体管或逻辑器件都工作在开关状态。

一、晶体管多谐振荡器

不需外加信号就能产生矩形脉冲的电路，称为矩形脉冲信号发生器。由于矩形脉冲信号含有多种谐波分量，因此也称多谐振荡器。

最简单的多谐振荡器可用两只晶体管构成，如图 7-2 所示。

两只电容交替充、放电控制两只晶体管的交替开关动作。每只晶体管在导通时，发射结为基极电容提供充电通路，集电结为集电极电容提供放电通路。由大变小的电容充电电流控制晶体管由饱和变为截止的开关切换。

两只电容容量相同，输出波形占空比为 1/2，也可用不同容量的电容使两只晶体管开关时间不等，形成不对称的振荡。

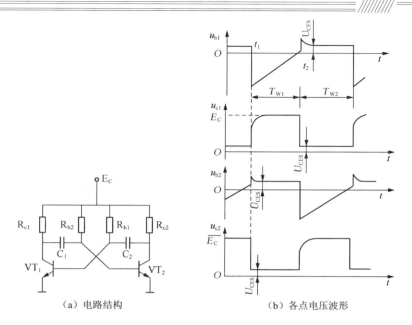

（a）电路结构 （b）各点电压波形

图 7-2 三极管多谐振荡器及工作波形

二、555 集成定时器

555 集成定时器是一种可开发性很强的集成电路产品，以它为主体，既可构成多种信号发生器，又可构成性能良好的波形变换电路。

1. 内部结构

555 集成定时器（也称作三 5 时基电路）是一种模拟电路和数字电路相结合的中规模集成电路，在 TTL 和 CMOS 系列中都有定型产品，是一种应用广泛的典型电路。图 7-3 所示为 555 定时器的内部结构和引脚信号分布图。

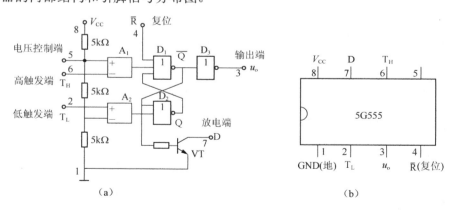

图 7-3 555 定时器内部结构及引脚信号

555 定时器的内部电路可分为 5 个部分，分别是两个电压比较器 A_{C1}、A_{C2}，一个由两个与非门构成的基本 R-S 触发器，一个放电三极管 VT 以及由 3 个 5kΩ 电阻组成的分压器和一个非门构成的输出缓冲器。

各引脚功能介绍如下：

1 脚为接地端。

2 脚为低电平触发端。当 2 脚输入电压低于 $\frac{1}{3}U_{CC}$ 时，A_{C2} 的输出为低电平，使基本 R-S 触发器置 1；当输入电压高于 $\frac{1}{3}U_{CC}$ 时，A_{C2} 的输出为高电平，基本 R-S 触发器维持原态。

6 脚为高电平触发端。当输入电压高于 $\frac{2}{3}U_{CC}$ 时，A_{C1} 的输出为低电平，使基本 R-S 触发器置 0；当输入电压低于 $\frac{2}{3}U_{CC}$ 时，A_{C1} 的输出为高电平，基本 R-S 触发器维持原态。

4 脚为基本 R-S 触发器的复位端，由此输入负脉冲，使触发器直接复位。

5 脚为电压控制端，在此端可外加一电压，以改变比较器的参考电压，不用时，经 0.01μF 的电容接地，以旁路高频干扰。

7 脚为放电端，当触发器 $\overline{Q}=1$ 时，放电三极管 VT 导通，常用于给外接电容元件提供放电通路。

3 脚为输出端。

8 脚为电源端。

2. 各部分作用

（1）电压比较器。A_{C1} 和 A_{C2} 的作用是将 6 脚和 2 脚的输入电压与参考电压进行比较，根据输入电压的不同，它们的输出可能是高电平或低电平，从而使基本 R-S 触发器置 1 或置 0。

（2）电阻分压器。由 3 个 5kΩ电阻（555 的名称来源）串联组成，接于+V_{CC}与地之间，其作用是为 A_{C1}、A_{C2} 提供参考电压。

（3）基本 R-S 触发器。其作用有两个，一是其 Q 端的状态就是整个电路的输出状态 $U_o = \overline{\overline{Q}} = Q$，二是 $\overline{Q}$ 端状态决定于三极管 VT 的饱和导通或截止。

（4）放电三极管 VT。其基极经电阻接触发器的 $\overline{Q}$ 端，发射极接地，集电极经 7 脚引出，称为放电端 D。当基本 R-S 触发器 $\overline{Q}=0$ 时，VT 截止；$\overline{Q}=1$ 时，VT 饱和导通。

（5）输出缓冲器。接在输出电路中的非门除起倒相作用，使 U_o=Q 外，还兼有隔离、缓冲和提高输出端带载能力的作用。

555 定时器的功能如表 7-1 所示。

表 7-1　555 定时器功能表

$\overline{R}$	T_H	T_L	C_1 输出　C_2 输出		U_o	VT 状态
L	×	×	×	×	L	导通
H	>2V_{CC}/3	×	L	×	L	导通
H	<2V_{CC}/3	>V_{CC}/3	H	H	保持	保持
H	<2V_{CC}/3	<V_{CC}/3	H	L	H	截止

图 7-1 所示电路内部的触发器用与非门构成，有的产品用或非门构成。R-S 触发器的不同结构只影响电路内部的接线方法，不影响电路的外部功能和使用接线。

3．用 555 定时器构成多谐振荡器

用 555 定时器构成的多谐振荡器如图 7-4 所示。

电路中的 R_2 是为延长电容放电时间而设置的。电路的工作原理是，当 R-S 触发器处于 1 态时，输出 U_o 为高电平，$\overline{Q}=0$，三极管 VT 截止，电压 V_{CC} 通过 R_1、R_2 对电容 C 充电，$T_H=T_L=U_C$ 逐渐升高，电路处于高电平的暂稳态。当 $T_H=U_C=2U_{CC}/3$ 时，比较器 A_1 的输出跳为低电平，R-S 触发器置 0，输出 U_o 为低电平，$\overline{Q}=1$，三极管 VT 饱和导通，电容 C 通过 R_2 和三极管放电，$T_H=T_L=U_C$ 逐渐降低，电路处于低电平的暂稳态。当 $T_L=U_C=V_{CC}/3$ 时，比较器 A_2 的输出跳为低电平，R-S 触发器置 1，输出 U_o 跳变为高电平，电路重复上述过程周而复始地变化，形成振荡，输出矩形脉冲信号，图 7-5 所示为电路工作波形。

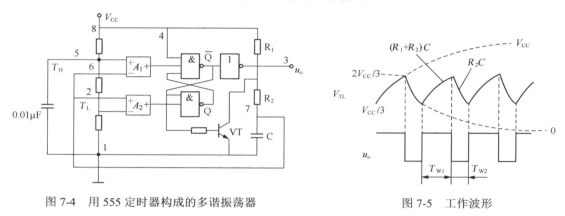

图 7-4　用 555 定时器构成的多谐振荡器　　　　　图 7-5　工作波形

高电平暂稳态的脉冲宽度 T_{W1}，即 U_C 从 $\frac{1}{3}V_{CC}$ 充电上升到 $\frac{2}{3}V_{CC}$ 所需的时间

$$T_{W1}\approx(R_1+R_2)C \ln2=0.7(R_1+R_2)C$$

低电平暂稳态的脉冲宽度 T_{W2}，即 U_C 从 $\frac{2}{3}V_{CC}$ 放电下降到 $\frac{1}{3}V_{CC}$ 所需的时间

$$T_{W2}\approx R_2C\ln2=0.7R_2C \tag{7-1}$$

矩形波的振荡周期取决于充电时间常数 T_{W1} 和放电时间常数 T_{W2}，改变 R_1 和 R_2 和 C 的数值，就可以得到不同频率、不同宽度的矩形波，矩形波周期可用下式估算：

$$T=T_{W1}+T_{W2}=0.7（R_1+2R_2）C$$

由 555 定时器组成的振荡器，最高工作频率可达到 300kHz。

输出波形的占空比：

$$k=\frac{T_{W1}}{T_{W1}+T_{W2}}=\frac{R_1+R_2}{R_1+2R_2} \tag{7-2}$$

三、用非门构成多谐振荡器

1．用 R、C 元件定时的脉冲振荡电路

门电路的电压增益虽不明显，但有较大的电流和功率增益，所以，只要满足振荡电路的信号相位变换条件，就可以形成自激振荡。在振荡电路的反馈回路中插入 R、C 组成的定时

电路，就可以控制振荡频率。

用 3 个非门和 R、C 元件组成的多谐振荡器如图 7-6 所示。

D_3 为输出电路，D_1 为反馈电路。由于电容 C 两端电压不能突变，E 点电压突变的瞬间 B 点电压与 E 点相同。电位器 RP 和 D_2 的存在，为电容 C 提供了充放电交替变化的条件（B 点为高电平时，F 点为低电平，电容 C 经过 RP 放电，使 E 点电位降为低电平；B 点为低电平时，F 点为高电平，电容 C 充电，使 E 点电位升高）。

振荡器的工作波形如图 7-7 所示。

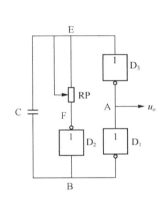

图 7-6　RC 定时多谐振荡器

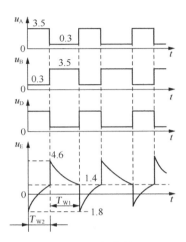

图 7-7　各点波形

2．用石英晶体构成的定时多谐振荡器

采用石英晶体作为定时元件，可使电路的振荡频率具有较高的准确性和稳定性。用非门和石英晶体组成的多谐振荡器如图 7-8 所示。石英晶体在电路中与电容 C 串联，等效为一只高精度的电容作为反馈电路，并与电阻 R 组成 RC 充放电定时器，而两个门电路传输延时形成 A、D 两点的相位差为 RC 提供了充放电的条件。

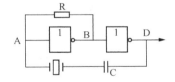

图 7-8　石英晶体多谐振荡器

四、锯齿波信号发生器

锯齿波电压是指电压升降形如锯齿的周期性信号，如图 7-9 所示。其中电压上升过程占时间较长的称为正向锯齿波，电压下降过程占时间较长的称为负向锯齿波。

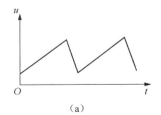

（a）

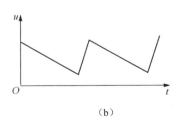

（b）

图 7-9　锯齿波电压信号

理想的锯齿波，电压上升、下降过程均为线性变化，实际电路用电容、电阻充放电形成，

用三极管作为开关，变换充电、放电的电阻。图 7-10 所示为锯齿波电压发生器的简单电路及波形图。

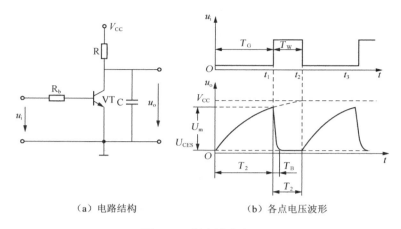

（a）电路结构   （b）各点电压波形

图 7-10   锯齿波发生器

电路的工作原理是，当输入为低电平时，三极管 VT 截止，$+V_{CC}$ 通过 R 向电容 C 充电，输出电压 $U_o=U_C$ 逐渐上升，当时间常数 $\tau=RC$ 远大于输入脉冲周期时，U_o 的上升基本为线性的。当输入为高电平时，三极管 VT 饱和导通，电容 C 通过三极管 VT 的 c-e 级放电，最终使 $U_o=U_{CES}\approx0$。当输入脉冲再一次为低电平时，三极管 VT 再一次截止，电容 C 再一次充电，如此反复，在电容 C 的两端产生锯齿波电压输出。

第 2 节   脉冲波形变换

一、RC 微分电路

利用电容的储能作用和隔直作用，可以组成各种有用的电路，如耦合电路、振荡电路、滤波电路、波形的产生和变换电路等。其中 RC 微分电路能够把矩形脉冲转换为尖顶脉冲，其电路结构如图 7-11 所示。

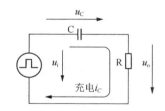

图 7-11   RC 微分电路

它与模拟电路中的耦合电路的结构相同，但由于元件的取值不同，电路的作用，有着本质的区别。若电路的时间常数为 τ，传输信号的周期为 T，当 $\tau=RC\ll T$ 时，为微分电路，当 $\tau=RC\gg T$ 时，为耦合电路。

在图 7-11 所示的微分电路中，u_i 是输入信号，u_o 是输出信号。设 t_1 时刻在微分电路的输入端输入如图 7-12（a）所示的矩形脉冲，其脉冲幅度为 E，脉冲宽度为 T_w。电路参数的选择满足 $\tau=RC\ll T_w$，T_w 为输入矩形波的脉冲宽度。下面分析它的工作原理。

当 $t<t_1$ 时，$u_i=0$，$u_C=0$，$u_o=0$。

在 $t=t_1$ 瞬间，输入端电压由 0 突变到 E，因电容两端电压不能突变，所以 $u_C=0$，电路输出电压 $u_o=E$。

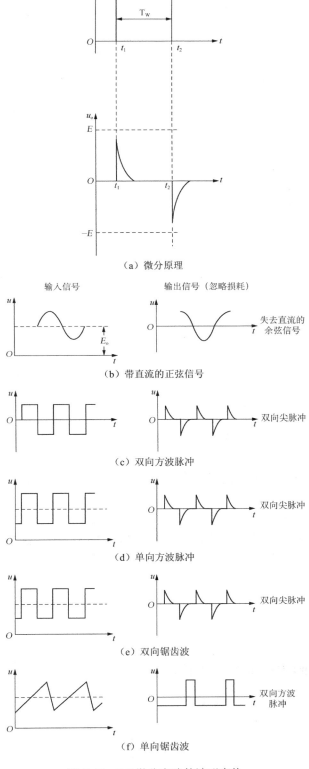

（a）微分原理

输入信号　　　　　　　　　　输出信号（忽略损耗）

（b）带直流的正弦信号

（c）双向方波脉冲

（d）单向方波脉冲

（e）双向锯齿波

（f）单向锯齿波

图 7-12　RC 微分电路的波形变换

在 $t>t_1$ 后，$u_i=E$ 保持不变，电容充电，u_C 按指数规律增加，因而 u_o 按指数规律下降。由于 $\tau \gg T_w$，经过 $3\sim5\tau$ 后，输入的矩形脉冲还未结束时，电容充电已基本结束，u_C 达到 E 值，u_o 降为零。在输出端形成一个窄于输入矩形脉冲宽度的正尖顶脉冲，尖顶脉冲的宽度与 RC 乘积有关。

当 $t=t_2$ 时，输入信号由 E 突降到 0，$u_i=0$，电容开始放电。由于电容两端电压不能突变，所以，在 t_2 瞬间 $u_C=E$。根据基尔霍夫第二定律可知，此时 $u_o=-u_C=-E$，即输出电压从 0 跃变到 $-E$。

在 $t>t_2$ 后，电容放电，u_C 按指数规律下降到 0，u_o 按指数回到 0，在输出端得到一个负尖顶脉冲。

图 7-12（b）～（f）为几种典型波形经过微分电路的变换情况。

二、RC 积分电路

RC 积分电路如图 7-13 所示。

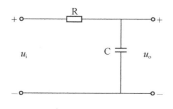

图 7-13　RC 积分电路

电路的输出取自电容 C 两端，但并不是任何一种该结构的电路都是积分电路，要构成积分电路需满足输入信号为脉冲信号，且 $\tau=RC \gg T_w$（T_w 为输入矩形波的脉冲宽度），电路波形如图 7-14 所示。

RC 积分电路可以把矩形脉冲转换成锯齿波或三角波，电路工作原理如图 7-14（a）所示。

当 $t<t_1$ 时，$u_i=0$，$u_o=0$。

在 $t=t_1$ 时刻 u_i 由 0 跳变上升到 E_0，由于电容两端电压不能突变，所以，这时，$u_C=0$，电路输出电压 $u_o=0$。

在 $t>t_1$ 后，输入端电压 $u_i=E$ 保持不变，电容 C 开始充电，u_C 按指数规律增加。由于时间常数 $\tau=RC \gg T_w$，充电过程很慢，电容 C 上的电压近似看成是线性变化。

在 $t=t_2$ 时刻，输入电压由 E 跳变到 0，输入端相当于短路，电容 C 两端电压不突变 $u_C=u_B$，$u_B<E$。

当 $t>t_2$ 后，电容 C 通过 R 放电，u_C 按指数规律下降，由于 τ 很大，放电过程很慢。输出电压波形可近似看成线性。

其他类型的脉冲信号经过 RC 积分电路的波形变化如图 7-14（b）～（g）所示。

三、用 555 定时器构成的施密特触发器

施密特触发器的特性、功能及应用在第 2 章已有简单介绍。在需要施密特触发器功能的脉冲电路中，可选用数字集成电路中含施密特结构的传输门或非门产品。对于电压迟滞参数有确定要求的施密特触发器，可用 555 定时器配合一些分立元件按参数要求制作。

把 555 定时器的 2 脚（T_L）和 6 脚（T_H）相接作为输入端便是施密特触发器，如图 7-15 所示。

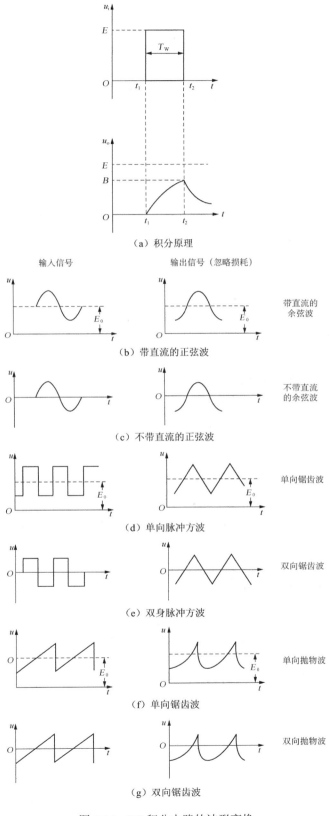

（a）积分原理

输入信号　　　　　　　　　　输出信号（忽略损耗）

带直流的
余弦波

（b）带直流的正弦波

不带直流
的余弦波

（c）不带直流的正弦波

单向锯齿波

（d）单向脉冲方波

双向锯齿波

（e）双身脉冲方波

单向抛物波

（f）单向锯齿波

双向抛物波

（g）双向锯齿波

图 7-14　RC 积分电路的波形变换

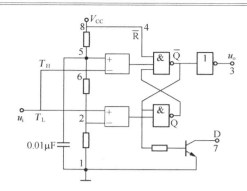

图 7-15　用 555 定时器构成的施密特触发器

由所学知识可知，输入电压从低于 $V_{CC}/3$ 升高时，开始输出高电平。进入 $V_{CC}/3<V_i< 2V_{CC}/3$ 阶段，电路处于保持状态，仍输出高电平。当 V_i 上升到 $2V_{CC}/3$ 时，输出电压才跳变为低电平。在输入电压上升过程中，输出电压 V_o 跳变时所对应的输入电压（V_i）值称为上限阈值电压，用 V_{T+} 表示，$V_{T+}=2V_{CC}/3$。

输入电压从高于 $2V_{CC}/3$ 下降时，输出低电平。进入 $V_{CC}/3<V_i<2V_{CC}/3$ 阶段，电路保持原态，仍输出低电平。当 V_i 下降到 $V_{CC}/3$ 时，输出电压才跳变为高电平。在输入电压下降过程中，输出电压 V_o 跳变时所对应的输入电压（V_i）值称为下限阈值电压，用 V_{T-} 表示，$V_{T-}=V_{CC}/3$。

由以上分析看出，输出电压 V_o 上、下跳变对应的输入电压不是同一点，输入、输出电压的变化关系符合施密特触发器的电压迟滞特性。

施密特的上限阈值电压 V_{T+} 与下限阈值电压 V_{T-} 之差称为回差电压，用 ΔU 表示。

$$\Delta U = U_{T+} - U_{T-} \tag{7-3}$$

用 555 定时器构成的施密特触发器：

$$\Delta U = 2V_{CC}/3 - V_{CC}/3 = V_{CC}/3 \tag{7-4}$$

5 脚作为电压控制端可从电路外部改变 V_{T+}（对 V_{T-} 也有一定影响）调节 ΔU。回差电压增大，死区扩大，电路抗干扰能力增强，但触发灵敏度会变差，使用时应予以注意。

四、单稳态电路

1．单稳态电路的特点及应用

单稳态电路（简称单稳，又称单稳态触发器）具有如下特点。

（1）具有一个稳态和一个暂稳态，无操作时，电路维持稳定状态。

（2）外来触发可以将触发器由稳态翻转到暂稳态。

（3）暂稳态经过一段时间，自动翻转回稳态。

单稳电路被广泛应用于定时、延时、整形、波形变换等场合，是一种重要电路。

2．用 555 定时器构成的单稳态电路

用 555 定时器构成的单稳态电路如图 7-16 所示。

定时电阻 R 接在放电端（7 脚）和电源 V_{CC}（8 脚）之间，定时电容 C 接在 7 脚和地（1 脚）之间，6 脚（高触发端 T_H）与 7 脚连接，这样就构成一个下降沿触发的单稳态触发器，低触发端 T_L（2 脚）为触发输入。

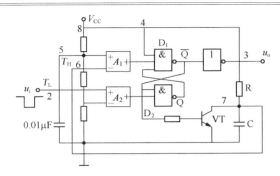

图 7-16　用 555 定时器构成的单稳电路

1）稳定态

2 脚（T_L）为高电平时，电路处于稳定态，3 脚输出低电平。图 7-17 所示为电路等效图及各点状态。

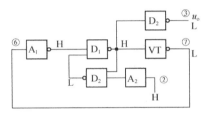

图 7-17　用 555 定时器构成的单稳态电路的稳态等效结构及各点状态

显然，电路各点之间呈互锁关系。即电路接通电源的瞬间 R-S 触发器输出为高电平，$\overline{Q}=0$ 使三极管 VT 截止，电容 C 则被 V_{CC} 经 R 充电。当 $U_C=2V_{CC}/3$ 时，比较器 A_{C1} 输出跳为低电平，使 R-S 触发器置 0，3 脚输出跳为低电平，同时因 $\overline{Q}=0$ 使三极管 VT 饱和导通，电容 C 被放电，6、7 脚变为低电平，电路进入锁定的稳态。

2）暂稳态

处于稳定态的电路，若 2 脚出现触发脉冲下降沿（$U_i<V_{CC}/3$）时，比较器 A_{C2} 输出低电平，R-S 触发器置 1、3 脚输出高电平。同时因 $\overline{Q}=0$，三极管 VT 截止，电容 C 充电。当 $U_C=2V_{CC}/3$ 时，比较器 A_{C1} 跳为低电平，R-S 触发器置 0，使电路输出跳回低电平。同时，因 $\overline{Q}=1$，三极管饱和导通，电容被放电。此时，如果触发输入已为高电平，电路则锁定于稳定态；若触发输入仍维持低电平，电路就会重复以上的暂稳态过程。因此，电路的触发脉冲只能是宽度很窄的负尖峰。电路的工作波形如图 7-18 所示。

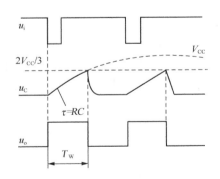

图 7-18　单稳态电路工作波形

如果忽略三极管 VT 的饱和压降，电路暂稳态时输出的脉冲宽度为

$$T_W=(\ln 3)RC \approx 1.1RC \qquad\qquad (7-5)$$

变化范围可从几微秒到数分钟，精度可达 0.1%。

3．集成电路中单稳态电路产品

在 TTL 和 CMOS 集成电路系列中，有多种单稳电路的定型产品。集成单稳，温度漂移小，性能稳定可靠，而且暂稳态可调范围大，抗干扰能力强。

单稳态电路有可重触发和非重触发之分，触发方式有下降沿触发和上升沿触发两种。所谓非重触发，是指电路在暂稳态期间不接受再触发、暂稳态时间固定的工作类型。可重触发是指电路在暂稳态期间接受再触发，使暂稳时间延长的工作类型。

图 7-19 所示为 TTL 系列中 74121（含施密特门电路的单稳触发器）、74122（可重触发的单稳触发器）的内部结构和引脚信号分布。

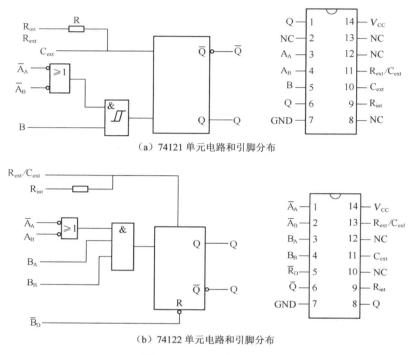

（a）74121 单元电路和引脚分布

（b）74122 单元电路和引脚分布

图 7-19　74121 和 74122

电路有两个负跳变触发输入（$\overline{A}_A$、$\overline{A}_B$）端，两个互补输出（Q、$\overline{Q}$）、R_{int} 为内定电阻输出端，R_{ext}/C_{ext} 为外接电阻、外接电容引入端，使用时，外接电容接在 C_{ext} 和 R_{ext}/C_{ext} 两个引脚上。74121 有一个可用于禁止负跳变输入的正跳变触发端 B，74122 设有两个正跳变触发输入端 B_A 和 B_B。使用内定电阻，将 R_{int} 端接 V_{CC}；使用外接电阻，将 R_{int} 开路，外接电阻接在 V_{CC} 和 R_{ext}/C_{ext} 两脚之间。图 7-20 所示为电路的工作波形。

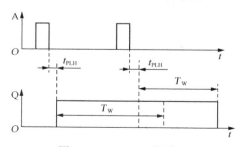

图 7-20　74122 工作波形

五、脉冲分压电路

利用两个电阻串联可以组成普通的电阻分压器，如图 7-21 所示。

当 $t=0$ 时刻，电路中输入一幅度为 E 的阶跃信号，在 R_2 两端可以得到 $u_o=ER_2/(R_1+R_2)$

的输出。然而在实际电路中经常存在由元件引线并行排列引起的图 7-21 中虚线部分表示的分布电容 C_0，它的存在会使输出波形发生改变，引起失真，如图 7-22 所示。

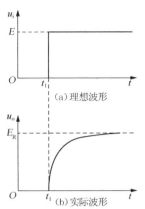

(a) 理想波形

(b) 实际波形

图 7-22   考虑分布电容影响的波形

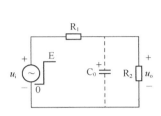

图 7-21   电阻分压电路

其中 $E_R = ER_2/(R_1+R_2)$ 分析有分布电容 C_0 存在时电阻分压电路的工作情况。由于 C_0 是并联在电阻 R_2 上的，当输入一个矩形脉冲信号时，输出 $u_o=u_C$ 不能相应产生突变，只能随着 C_0 的充电过程按指数规律逐渐升高。u_o 经过了 3～5 个 τ 的时间（$\tau = C_0 \dfrac{R_1 R_2}{R_1 + R_2}$ 是电路时间常数）后，趋于稳态。u_o 的最大值为 R_1、R_2 分压得到的输出值 E_R，见图 7-23。其中虚线部分是不考虑 C_0 影响时的理想波形，实线部分是考虑 C_0 影响时的波形。一般 C_0 的数值在几皮法至几十皮法之间，相应 τ 值较小。当输入矩形波信号工作频率较低时，影响不明显。但当信号工作频率较高时，需要考虑克服波形改变引起的失真。

为了消除 C_0 的影响，可以采用图 7-23 所示的 RC 分压电路。

与普通电阻分压器的区别在于输入电阻 R_1 上并联了一个电容 C_1。从电路结构可以看出，C_1 和 C_0 串联，输出从它们的连接点取出。

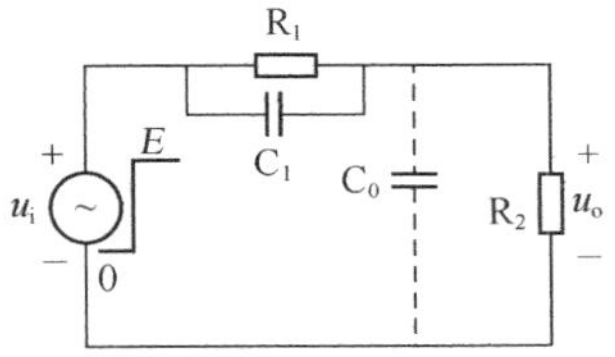

电容的特性是隔直流、通交流，遇到直流电时，电容相当于断路；电容对于交流信号有与电阻类似的阻碍作用，称为容抗，其大小与交流信号的频率成反比、与电容的容量成反比。若不考虑相位的变化，电容 C 的容抗 Z_C 可写为：

图 7-23   RC 分压电路

$$Z_C = \frac{1}{2\pi f_C} \tag{7-6}$$

对于交流信号，电容串联也有分压作用，分压值的计算方法同电阻分压的计算一样。当输入信号发生从 0 到 E 跳变时，由频谱分析理论可知，该瞬间相当于把一个频率很高的信号加到电路的输入端。电容对高频率交流信号的容抗远小于电阻的阻抗，电阻的作用可以忽略不计。也就是说在 $t=0$ 时刻，输入发生从 0 到 E 的正跳变瞬间，输出 $u_o(0)$ 的大小近似由两个电容的分压比决定：

$$u_o=EZ_0/(Z_1+Z_0)=EC_1/(C_1+C_0) \tag{7-7}$$

式中，分别为 C_1 和 C_0 的交流阻抗经过（3～5）τ 的时间后，电容的充电过程基本结束，$Z_1 \to \infty$，$Z_0 \to \infty$，u_o 基本稳定在由 R_1 和 R_2 分压得到的输出值 E_R 上：

$$u_o=ER_2/(R_1+R_2)$$

式中，τ 为图 7-23 所示 RC 分压电路的时间常数：

$$\tau = \frac{R_1 R_2}{R_1 + R_2}(C_1 + C_0) \tag{7-8}$$

电容分压比和电阻分压比不同时，输出波形会有不同的变化。令

$$N_C = C_1/(C_1 + C_0), \quad N_R = R_2/(R_1 + R_2)$$

$$E_C = EN_C, \quad E_R = EN_R$$

下面分 3 种情况讨论。

$N_C < N_R$：$t=0$ 时，输出 u_o 跳变到 $E_C < E_R$，未达到稳定值，尚需经过 3～5 个τ的时间，按指数规律变化的信号电压才达到稳定值 $u_o = E_R$，如图 7-24（a）所示。

$N_C > N_R$：$t=0$ 时，输出 u_o 跳变到 $E_C > E_R$，超过稳定值，经过一段时间按指数规律衰减到稳定值，如图 7-24（b）所示。

$N_C = N_R$：$t=0$ 时，输出 u_o 跳变到 $E_C = E_R$，开始就达到稳定值，是最理想的情况，如图 7-24（c）所示。

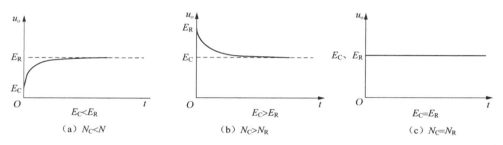

图 7-24　RC 分压电路输出波形图

综上所述，只要适当选取 C_1，使得 $N_C = N_R$，可以使 u_o 开始就跳变到稳定值而不发生失真。C_1 的接入使得输出波形前沿加速上升，故有时将 C_1 称为加速电容。

实际应用中，由于分布电容 C_0 的不确定性，使得 C_1 选取困难。这时可以在输出端（R_2 两端）并联一个电容 C_2，当 $C_2 \gg C_0$ 时，不确定因素引起的 C_0 变化的影响可以忽略。由 C_2、R_1、R_2 可以求得 C_1、C_2，一般在几十皮法到几百皮法中选取。

$$C_1 = R_2 C_2 / R_1 \tag{7-9}$$

 本章小结

（1）555 集成定时器是一种集模拟、数字为一体的多功能电路。应该掌握各个引脚电路功能，以利于方便使用。

（2）周期性的矩形脉冲，在对波形要求不严格时多用谐振荡器产生，这种电路不需要任何外加触发。要求掌握它的工作原理，熟悉振荡周期的计算公式。

（3）锯齿波发生器是一种常用的电路。要求掌握它的工作原理。

（4）RC 微分电路满足 $\tau = RC \ll T_W$，微分电路能够把矩形脉冲转换成尖顶脉冲。

（5）RC 积分电路满足 $\tau = RC \gg T_W$，积分电路能够把矩形脉冲转换成锯齿波或三角波。

（6）施密特触发器是一种双稳电路，采用电平触发方式，它不会自动产生脉冲波形，但是可以对信号进行整形、变换，要求掌握它的工作原理、正负阈值电压的计算、传输特性。

（7）单稳态电路具有一个稳态和一个暂稳态，要求掌握单稳电路的工作特点，会计算输出脉冲宽度。

（8）脉冲分压器。输入为矩形波时，由输入电阻 R_1、负载电阻 R_2 组成的电阻分压器的输出波形因输出分布电容 C_0 的存在而失真。若在输入电阻 R_1 两端并联电容 C_1，满足

$$\frac{C_1}{C_1+C_0}=\frac{R_2}{R_1+R_2}$$

可以使输出 u_o 一开始就跳变到稳定值而消除失真。

习题 7

7.1　在图 7-3 中，R_1=1kΩ、R_2=2.2kΩ、C=2.2μF，估算电路的振荡频率和占空比。如果 R_1 改为 100kΩ、R_2 改变 10kΩ、C 改为 10μF，振荡器频率又是多少？

7.2　试说明 RC 微分电路和积分电路在结构上的不同之处，写出它们各自的工作条件。

7.3　在图 7-15 所示电路的 u_i 端引入幅度足够大的锯齿波（如图 7-25 所示）时，试画出对应的 u_o 波形。

7.4　在图 7-19 所示电路中，如果 R=15kΩ，C=2.2μF。

（1）估算该电路在外触发信号作用下输出脉冲宽度 T_W（设触发信号为负尖脉冲）。

（2）画出电路在窄负脉冲（触发脉冲宽度小于 T_W）作用下的输出波形（频率自定）。

（3）画出触发信号为稳定低电平时电路的输出波形。

7.5　脉冲分压器与普通电阻分压器的主要区别在哪里？什么情况下采用脉冲分压器？用已学过的知识，想想如何提高一个简单三极管开关电路的工作速度（不更换三极管）。

7.6　如图 7-26 所示为一个过压报警器，当被监视电压 U_X 超过一定值时，发光二极管（VL）会发出闪烁的信号。

（1）试说明电路工作原理（提示：当 VT 饱和导通时 5G555 的脚可认为对地短路）。

（2）试说明电位器的作用。

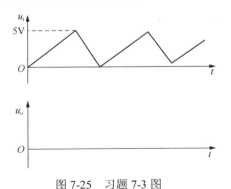

图 7-25　习题 7-3 图　　　　　　图 7-26　过压报警器电路

实验 7：脉冲电路制作与测试

一、实验准备

1）实验目的

（1）掌握利用非门构成自激多谐振荡器的基本原理。

（2）了解用与非门构成施密特触发器的电路及原理。

2）知识准备
（1）复习用非门构成自激多谐振荡器的结构和原理。
（2）复习施密特触发器的电压传输特性。
（3）复习单稳态电路的特性。

3）器材准备
（1）数字电路实验箱、示波器、万用表。
（2）5G555 定时电路、6 非门（7404）、2 输入 4 与非门（7400）。
（3）电容、电位器、电阻、二极管、发光二极管（LED）、晶体管。

二、实验内容及步骤

1. 晶体管自激多谐振荡器

（1）在图 7-2 所示电路中接入两只发光二极管（LED），LED 的接入点有 4 种不同位置，如图 7-27 所示。

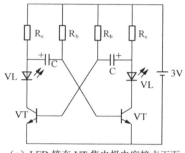

（a）LED 接在 VT 集电极电容接点下面

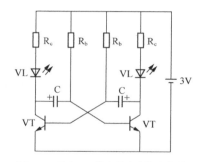

（b）LED 接在 VT 集电极电容接点上面

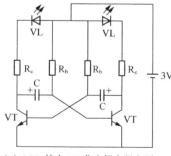

（c）LED 接在 VT 集电极电阻上面

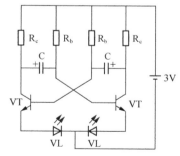

（d）LED 接在 VT 发射极

图 7-27　带 LED 的晶体管多谐振荡电路

（2）接通电源，观看两只 LED 的发光动作。
（3）将一只电容的容量换大一些，再通电观看 LED 的发光动作。

2. 用非门构成多谐振荡器

（1）按图 7-28 所示，用 6 非门 7404 连接好电路，检查无误后接通电源。

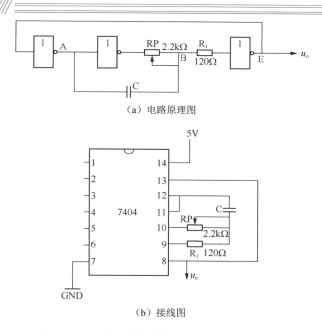

（a）电路原理图

（b）接线图

图 7-28　非门组成的自激多谐振荡器实验电路

（2）用示波器测试电路的输出波形。

（3）调节电位器，观察波形变化。

3．用 555 制作一个多谐振荡器

（1）按图 7-3 所示多谐振荡器电路，请读者自己设计接线。

（2）给电路加电，用示波器观测电路的输出波形。

（3）记录波形、计算电路的振荡周期。

4．用 555 制作一个单稳电路

（1）按图 7-19 所示搭接单稳电路，接线方法如图 7-29 所示。

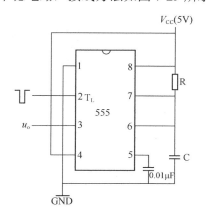

图 7-29　单稳电路接线图

（2）给电路加电，用示波器观测电路的输出波形。

（3）计算电路的暂稳态时间。

5．用 555 制作一个施密特触发器

（1）在实验板上用 555 电路按图 7-30 连接。

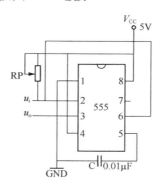

图 7-30　施密特电路接线方法

（2）给电路加电，并用万用表监测电路的输出电压。

（3）调节电位器，缓慢改变输入电压，观看并记录输出电压的变化情况。

6．制作一个结构简单的施密特触发器

（1）按图 7-31 连接电路（a）、（b）。电路（a）的接线方法如图 7-32 所示。

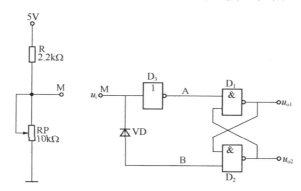

（a）电压调节电路　　　　（b）施密特触发器电路

图 7-31　与非门施密特触发器电路

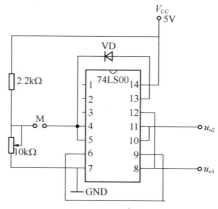

图 7-32　与非门施密特电路接线方法

（2）将（b）所示电路的 M 点接地（使 $u_i=0$），用万用表测输出电压 U_{o1}、U_{o2} 的值。

（3）测试电路的 U_H、U_C 的值：把图 7-31 的 a、b 两部分的 M 点连接，调节 RP，使其阻值从最小缓慢增大，同时用万用表监测 U_{o1}，当 U_{o1} 从低电平变到高电平时，记下此时的 U_i（即 U_H）。继续调节 RP，使 u_i 上升到 3V，记下 U_o。

调整 RP，使其阻值从最大缓慢减小，并用万用表监测 U_{o1}，当 U_{o1} 从高电平变为低电平是，记下此时的 U_i（即 U_L）。

计算电路的回差：$U=U_H-U_L$

（4）在图（a）、（b）两电路连接状态下，在 M 点输入 $f=1kHz$、$U_m=2.5V$ 的正弦波，用示波器观察电路输出波形，缓慢调节 RP，观察波形变化。

7. 用非门构成一个验电器电路

图 7-33 所示为一个能够感应交变电场存在的验电器电路。用一片 6 非门集成电路和几只电阻、电容构成，可用于检验线路中交流电的存在，灵敏度很高。

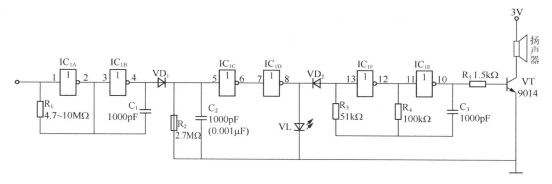

图 7-33　高灵敏验电器电路

电路用 1 块 6 非门芯片和几个阻容元件构成，在结构上可分为 4 部分，图 7-34 为接线图。

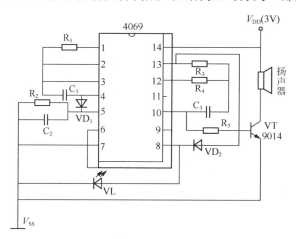

图 7-34　验电器接线图

集成电路国标型号命名方法

中国的《半导体集成电路型号命名方法》（国标 G/TB 3430—1989）规定集成电路型号由 5 部分组成，各部分符号的意义如附表 A-1 所示。

附表 A-1　半导体集成电路型号命名方法

第 0 部分		第 1 部分		第 2 部分	第 3 部分		第 4 部分	
用字母表示器件符合国家标准		用字母表示器件的类型		用 4 个数字表示器件的系列和品种	用字母表示期间的工作温度范围		用字母表示器件封装	
符号	意义	符号	意义	意义	符号	意义	符号	意义
C	中国制造或符合国家标准	T	TTL	第 1 个数字表示系列	C	0～70º C	W	陶瓷扁平
		H	HTL		G	−25～70º C	B	塑料扁平
		E	ECL	1：中速系列	L	−25～85º C	F	多层陶瓷扁平
		C	CMOS	2：高速系列	E	−40～85º C	D	多层陶瓷双列直插
		F	线性放大器	3：肖特基系列	R	−55～85º C	P	塑料双列直插
		D	音响、电视电路		M	−55～125º C	J	黑瓷双列直插
		W	稳压器	4：低功耗肖特基系列			K	金属菱形
		J	接口电路				T	金属圆形
		B	非线性电路				H	黑瓷扁平
		M	存储器	后 3 个数字表示品种			S	塑料单列直插
		P	微型机电路				C	陶瓷芯片载体
		AD	A/D 转换器				E	塑料芯片载体
		DA	D/A 转换器				G	网格阵列
		SC	通信专用电路					
		SS	敏感电路					
		SW	钟表电路					

中国集成电路型号结构：

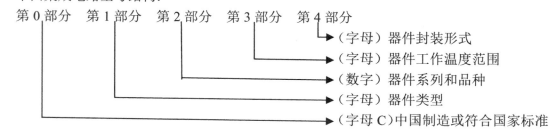

　　　第 0 部分　第 1 部分　第 2 部分　第 3 部分　第 4 部分
　　　　　　　　　　　　　　　　　　　　　　　　　→（字母）器件封装形式
　　　　　　　　　　　　　　　　　　　　　→（字母）器件工作温度范围
　　　　　　　　　　　　　　　　　→（数字）器件系列和品种
　　　　　　　　　　　　　→（字母）器件类型
　　　　　　　　　→（字母 C）中国制造或符合国家标准

1．基本逻辑门

（1）基本逻辑门（见附表 B-1）

附表 B-1　基本逻辑门

型　号	结构和功能	型　号	结构和功能	型　号	结构和功能
7400	2 输入 4 与非门	7427	3 输入 3 或非门	74133	13 输入与非门
7402	2 输入 4 或非门	7430	8 输入与非门	74135	4 异或/异或非门
7404	6 反相器（非门）	7432	2 输入 4 或门	74136	4 异或门
7408	2 输入 4 与门	7451	双 2×2 与或非门	74260	5 输入 2 或非门
7410	3 输入 3 与非门	7454	2×4 与或非门	74266	4 异或非门
7411	3 输入 3 与门	7455	4×2 与或非门	74386	4 异或门
7420	4 输入 2 与非门	7464	4-2/3-2 与或非门		
7421	4 输入 2 与门	7486	4 异或门		

（2）OC 类逻辑门（见附表 B-2）

附表 B-2　OC 类逻辑门

型　号	结构和功能	型　号	结构和功能
7401	2 输入 4 与非门	7417	6 驱动器/缓冲器
7403	2 输入 4 与非门（漏极开路）	7422	4 输入 2 与非门
7405	6 反相器	7433	2 输入 4 或非门
7406	6 反相器	7435	6 缓冲器
7407	6 驱动器/缓冲器	7437	2 输入 4 与非缓冲器
7409	2 输入 4 与门	7438	2 输入 4 与非缓冲器
7412	3 输入 3 与非门	7439	2 输入 4 与非缓冲器
7415	3 输入 3 与门	7465	4-2/3-2 双与或非门
7416	6 反相器		

（3）三态类逻辑门（见附表 B-3）

附表 B-3　三态类逻辑门

型　号	结构和功能	型　号	结构和功能
7423	分控：4 输入 2 或非门	74365	高电平共控：6 驱动器
7425	分控：4 输入 2 或非门	74366	低电平共控：6 反相驱动器

续表

型　　号	结构和功能	型　　号	结构和功能
7453	可扩展的 4 路与或非门	74367	低电平分组控：6 缓冲器
7460	分控：4 输入 2 与门	74368	低电平分组控：6 非门
74125	低电平分组控：4 缓冲器	74425	低电平分控：4 传输门
74126	高电平分组控：4 缓冲器	74426	低电平分控：4 传输门
74134	低电平控制 12 输入与非门		

（4）施密特逻辑门（见附表 B-4）

附表 B-4　施密特逻辑门

型　　号	结构和功能	型　　号	结构和功能
7413	4 输入端 2 与非门	7419	6 反相器（非门）
7414	6 反相器（非门）	7424	2 输入端 4 与非门
7418	4 输入端 2 与非门	74132	2 输入端 4 与非门

（5）复合式基本门（见附表 B-5）

附表 B-5　复合式基本门

型　　号	结构和功能	型　　号	结构和功能
7426	2 输入 4 与非门高压接口	7463	6 同相电流读出接口门
7428	2 输入 4 或非门缓冲器	74128	4 输入 4 或非门 50 Ω 长线驱动器
7431	2 非、2 同、2×2 与非	74140	4 输入 2 与非门 50 Ω 长线驱动器
7434	6 同相缓冲器	74265	4 互补输出元件

2．组合逻辑电路的定型产品

（1）译码器（见附表 B-6）

附表 B-6　译码器

型　　号	电路功能	型　　号	电路功能
7441	BCD—十进制译码/驱动器	74155	H/L 双电平输出 2-4 译码器
7442	BCD—十进制译码器	74156	OC 输出 2-4 译码器
7445	BCD—十进制译码/驱动器	74159	OC 输出 4-16 译码/分配器
74138	3-8 线译码器	74445	BCD—十进制译码/驱动器
74139	双 2-4 译码器	74537	BCD—十进制译码/驱动器（三态）
74141	BCD—十进制译码/驱动器	74538	3-8 译码（三态）
74145	BCD—十进制译码/驱动器	74539	2-4 译码/驱动器（三态）
74154	4-16 译码器		

（2）显示译码器（见附表 B-7）

附表 B-7　显示译码器

型　　号	电路功能	型　　号	电路功能
7446	低输出 BCD-7 段译码/驱动器	74247	BCD-7 段译码/驱动器（共阳极）
7447	高输出 BCD-7 段译码/驱动器	74248	BCD-7 段译码/驱动器（共阴极）

续表

型　号	电路功能	型　号	电路功能
7448	高输出 BCD-7 段译码/驱动器	74249	BCD-7 段译码/驱动器（共阴极）
7449	高输出 BCD-7 段译码/驱动器	74347	BCD-7 段译码/驱动器
74246	BCD-7 段译码/驱动器（共阳极）	74447	BCD-7 段译码/驱动器

（3）算术运算器（见附表 B-8）

附表 B-8　算术运算器

型　号	电路功能	型　号	电路功能
7480	门控全加器	74275	7 位三态输出乘法器
7482	2 位二进制全加器	74281	4 位并行二进制累加器
7483	4 位二进制全加器	74283	4 位二进制全加器
7497	6 位同步二进制比率乘法器	74183	双保留进位全加器
74167	同步十进制比率乘法器	74261	4×2 并行二进制乘法器
74182	先行进位发生器	74274	4×4 二进制乘法器（三态输出）
74284	4×4 并行二进制乘法器	74385	串行加法器/减法器
74285	（与 74284 联用）	74681	4 位并行二进制累加器
74384	8×1 补码乘法器		

（4）数据比较器（见附表 B-9）

附表 B-9　数据比较器

型　号	电路功能	型　号	电路功能
7485	4 位数字比较器	74519	8 位数字比较器（OC 输出）
74521	8 位数字比较器（OC 输出）	74520	8 位数字比较器
74522	8 位数字比较器（OC 输出）	74688	8 位数字比较器（OC 输出）
74518	8 位数字比较器（OC 输出）	74689	8 位数字比较器（OC 输出）

（5）编码器（见附表 B-10）

附表 B-10　编码器

型　号	电路功能	型　号	电路功能
74147	10-4 优先编码器	74348	8-3 优先编码器（三态输出）
74148	8-3 优先编码器		

（6）选择器（见附表 B-11）

附表 B-11　选择器

型　号	电路功能	型　号	电路功能
74150	16 选 1 数据选择器/多路开关	74257	三态输出四个 2 选 1 数据选择器
74151	8 选 1 数据选择器	74258	反相三态输出四 2 选 1 选择器
74152	8 选 1 数据选择器/多路开关	74351	双 8-1 数据选择器（三态输出）
74153	双 4 选 1 数据选择器	74352	双 4-1 数据选择器
74157	同相输出 4 个 2 选 1 选择器	74353	双 4-1 数据选择器（三态输出）
74158	反相输出 4 个 2 选 1 选择器	74398	双路输出四 2 输入端多路开关

续表

型　　号	电 路 功 能	型　　号	电 路 功 能
74251	三态输出 8 选 1 数据选择器	74399	单路输出四 2 输入端多路开关
74253	三态输出双 4 选 1 数据选择器		

（7）数据传送及总线驱动器（见附表 B-12）

附表 B-12　数据传送及总线驱动器

型　　号	电 路 功 能	型　　号	电 路 功 能
74440	4 总线传送/接收器（三态输出）	74466	8 位三态总线反相缓冲器
74448	4 总线传送/接收器（三态、OC）	74467	8 位三态总线缓冲器
74465	8 位三态总线缓冲器	74468	8 位三态总线反相缓冲器

（8）含施密特结构的成品电路（见附表 B-13）

附表 B-13　含施密特结构的成品电路

型　　号	电 路 功 能	型　　号	电 路 功 能
74230	8 位三态总线同相驱动器	74244	8 位同相三态总线缓冲/驱动器
74231	8 位三态总线反相驱动器	74245	8 位同相三态总线收发器
74240	8 位三态总线反相缓冲/驱动器	74540	8 位反相三态总线缓冲器
74241	8 位三态总线同相缓冲/驱动器	74541	8 位三态总线缓冲器
74242	4 位反相三态总线收发器	74620	8 位反相三态总线发送/接收器
74243	4 位同相三态总线收发器	74621	8 位 OC 总线发送/接收器
74622	8 位反相 OC 总线发送/接收器	74643	8 位三态总线发送/接收器
74623	8 位三态总线发送/接收器	74644	8 位 OC 总线发送/接收器
74638	8 位 OC 三态总线发送/接收器	74645	8 位同相三态总线发送/接收器
74639	8 位 OC 三态总线发送/接收器	74795	8 位同相三态总线缓冲器
74640	8 位反相三态总线发送/接收器	74796	8 位反相三态总线缓冲器
74641	8 位同相 OC 总线发送/接收器	74797	双 4 位同相三态总线缓冲器
74642	8 位反相 OC 总线发送/接收器		

3. 时序逻辑电路产品

（1）分立型触发器（见附表 B-14）

附表 B-14　分立型触发器

型　　号	电 路 功 能	型　　号	电 路 功 能
7470	上升沿触发 J-K 触发器	74107	负沿触发双主从 J-K 触发器
7472	主从 J-K 触发器	74109	正沿触发双 J-K 触发器
7473	负沿触发双 J-K 触发器	74110	与输入单主从 J-K 触发器
7474	正沿触发双 D 触发器	74111	双主从 J-K 触发器
7476	双 J-K 触发器	74112	负沿触发双 J-K 触发器
74104	与输入单 J-K 触发器	74113	负沿触发双 J-K 触发器
74105	与输入单 J-K 触发器	74279	4R-S 锁存器
74106	负沿触发双 J-K 触发器		

（2）关联型触发器（见附表 B-15）

附表 B-15　关联型触发器

型　号	结　　构	型　号	结　　构
7478	共时钟、复位双主从 J-K 触发器	74374	同控三态 8 D 触发器（正沿触发）
74114	共时钟、复位双 J-K 触发器（负沿）	74376	4 J-K 触发器
74174	共时钟、复位 6 D 触发器（正沿）	74377	8 D 触发器（正沿触发）
74175	共时钟、复位 4 D 触发器（正沿）	74378	6 D 触发器
74273	共时钟、复位 8 D 触发器	74379	4 D 触发器
74276	共时钟、复位 4 J-K 触发器	74388	4 D 触发器（三态）
74364	8 D 触发器（正沿触发）		

（3）计数器（见附表 B-16）

附表 B-16　计数器

型　号	电 路 功 能	型　号	电 路 功 能
7468	双十进制计数器	74163	可预置 4 位二进制计数器（同步清除）
7469	双 4 位二进制计数器	74168	十进制 4 位加/减同步计数器
7490	十进制计数器	74169	二进制 4 位加/减同步计数器
7492	12 分频计数器	74176	十进制可预置计数器
7493	4 位二进制计数器	74190	BCD 同步加/减计数器
74160	可预置 BCD 计数器（异步清除）	74191	二进制同步加/减计数器
74161	可预置 4 位二进制计数器（异步清除）	74192	可预置 BCD 可逆计数器
74162	可预置 BCD 计数器（同步清除）	74193	可预置 4 位二进制可逆计数器
74196	十进制可预置计数器/锁存器	74560	同步可预置十进制计数器（三态）
74197	二进制可预置计数器/锁存器	74561	同步可预置二进制计数器（三态）
74290	十进制计数器	74568	同步可预置可逆计数器（三态）
74293	4 位二进制计数器	74569	同步可预置二进制计数器（三态）
74390	双十进制计数器	74668	4 位同步加/减十进制计数器
74393	双 4 位二进制计数器	74669	4 位同步加/减二进制计数器
74490	双十进制计数器		

（4）存储器（见附表 B-17）

附表 B-17　存储器

型　号	电 路 功 能	型　号	电 路 功 能
7475	4 位双稳态锁存器	74295	4 位双向通用移位寄存器
7477	4 位双稳态锁存器	74299	8 位通用移位寄存器（三态输出）
7481	16 位 RAM	74322	带符号位 8 位移位寄存器
7484	16 位 RAM	74323	8 位双向通用移位/存储寄存器
7489	64 位 RAM	74363	8 D 锁存器
7491	8 位移位寄存器	74373	8 D 锁存器（三态同相输出）
7494	4 位移位寄存器	74375	4 双稳态锁存器
7495	4 位移位寄存器	74395	4 位通用移位寄存器

型　号	电路功能	型　号	电路功能
7496	5位移位寄存器	74396	8位存储寄存器
7499	4位双向通用移位寄存器	74502	8位逐次逼近寄存器
74100	8位D锁存器	74503	8位逐次逼近寄存器
74116	双4位锁存器	74504	12位逐次逼近寄存器
74164	8位串入/并出移位寄存器	74533	8D锁存器（三态、反相）
74165	8位并入/串出移位寄存器	74534	8D触发器（三态、反相）
74166	8位并入/串出移位寄存器	74563	8位锁存器（三态、双相）
74170	4×4寄存器	74564	8D触发器（三态、反相）
74172	16位寄存器	74573	8位三态输出锁存器
74173	4位D寄存器、三态输出	74574	8D触发器（三态、同相）
74177	二进制锁存器	74575	8D触发器（三态、带复位）
74178	4位通用移位寄存器	74576	8D触发器（三态、反相）
74179	4位通用移位寄存器	74577	8D触发器（三态、反相、带复位）
74194	4位双向通用移位寄存器	74580	8位三态锁存器（反相）
74198	8位双向通用移位寄存器	74670	4×4存储器堆、三态输出
74199	8位双向通用移位寄存器	74673	16位串入/并（串）出移位寄存器
74256	双4位可寻址锁存器	74674	16位并入/串出移位寄存器
74278	4位可级联优先寄存器		

4．混合结构的逻辑电路（见附表 B-18）

附表 B-18　混合结构的逻辑电路

型　号	电路功能	型　号	电路功能
7497	6位同步二进制比率乘法器	74120	双脉冲同步器/驱动器
7498	4位字、2选1并入/并出	74131	3-8译码/锁存器
74137	8选1锁存译码器	74350	4位电平转换器（三态输出）
74142	计数器/锁存器/译码器/驱动器	74398	四2输入端多路开关（双路输出）
74143	计数器/锁存器/译码器/驱动器	74399	四2输入端多路开关（单路输出）
74144	计数器/锁存器/译码器/驱动器	74690	带选择同步十进制计数/寄存器
74180	9位奇偶校验器/发生器	74691	带选择同步二进制计数/寄存器
74184	BCD-二进制码制转换器	74692	带选择同步十进制计数/寄存器
74185	二进制-BCD码制转换器	74693	带选择同步二进制计数/寄存器
74259	8位可寻址锁存器/3-8译码器	74696	带选择加/减十进制计数/寄存器
74280	9位奇偶发生器/校验器	74697	带选择同步二进制计数/寄存器
74298	4-2输入多路开关，带存储	74698	带选择加/减十进制计数/寄存器
74321	带F/2、F/4的晶体控制振荡器	74699	带选择加/减二进制计数/寄存器

5. 脉冲电路（见附表 B-19）

附表 B-19   脉冲电路

型　号	电 路 功 能	型　号	电 路 功 能
74121	单稳态多谐振荡器	74422	单稳态触发器
74122	可再触发单稳态多谐振荡器	74423	双稳态触发器
74123	双可再触发单稳态多谐振荡器	74624	VCO（压控振荡器）
74124	双 VCO	74625	双 VCO
74181	函数发生器	74626	双 VCO
74221	双单稳态多谐振荡器	74627	双 VCO
74320	晶体控制振荡器	74628	VCO
74381	函数发生器	74629	双 VCO

1. 基本逻辑门

（1）同类封装（见附表 C-1）

附表 C-1　同类封装

型　号	电　路　功　能	型　号	电　路　功　能
4001	2 输入 4 或非门	4071	2 输入 4 或门
4002	4 输入 2 或非门	4072	4 输入 2 或门
4011	2 输入 4 与非门	4073	3 输入 3 与门
4012	4 输入 2 与非门	4075	3 输入 3 或门
4023	3 输入 3 与非门	4077	4 异或非门
4025	3 输入 3 或非门	4081	2 输入 4 与门
4030	4 异或门	4082	4 输入 2 与门
4068	8 输入与非门	4085	双 2×2 与或非门
4069	6 反相器（非门）	4086	2×4 与或非门
4070	4 异或门		

（2）混合封装和复合功能（见附表 C-2）

附表 C-2　混合封装和复合功能

型　号	电　路　功　能	型　号	电　路　功　能
4000	3 端输入双或非门/1 反相器	4501	4 输入双与非门/2 输入或非非
4048	8 输入多功能可扩展三态门	4502	可选通 6 反相缓冲器
4049	6 反相缓冲器/转换器	4503	6 同相三态缓冲器
4050	6 同相缓冲器/转换器	4506	双 2 组 2 输入可扩展与或非门的
4078	三态 8 输入或非门	4572	与非、或非、4 反相

（3）施密特逻辑门（见附表 C-3）

附表 C-3　施密特逻辑门

型　号	电　路　功　能	型　号	电　路　功　能
4093	2 输入端 4 与非门	4583	双施密特触发器
40106	6 反相器（非门）	4584	6 反相器（非门）

2．组合逻辑电路（见附表 C-4）

附表 C-4　组合逻辑电路

型　号	电 路 功 能	型　号	电 路 功 能
4007	双互补对加倒相器	4028	BCD-十进制译码器
4008	4 位超前进位全加器	4032	3 位串行加法器（正逻辑）
4019	4 与或选择器	4038	3 位串行加法器（负逻辑）
4041	4 原码/补码缓冲器	4527	BCD 系数乘法器
4054	4 位液晶显示驱动器	4530	双 5 输入优势逻辑门
4055	BCD-7 段译码/驱动器（液晶）	4531	12 位奇偶校验电路
4056	BCD-7 段译码/驱动器	4532	8 输入优先权译码器
4063	4 位数字比较器	4539	双 4 路数据选择器/多路开关
4089	二进制系数乘法器	4544	BCD-7 段译码/驱动器（带消隐）
40101	9 位奇偶发生器/校验器	4554	2×2 并行二进制乘法器
40107	2 输入双与非缓冲/驱动器	4555	双 4 选 1 译码器（高选中）
40109	4 低到高电平移位器	4556	双 4 选 1 译码器（低选中）
40147	10 线-4 线 BCD 优先编码器	4558	BCD-7 段译码器
4504	6TTL 或 CMOS-CMOS 电平移位器	4560	BCD 全加器
4512	8 通道数据选择器	4561	"9" 补码电路
4514	4-16 译码器（高有效）	4582	超前进位发生器
4515	4-16 译码器（低有效）	4585	4 位数字比较器
4519	4 位与或选择器		

3．触发器

（1）分立型（见附表 C-5）

附表 C-5　分立型

型　号	结　构	型　号	结　构
4013	双 D 触发器	4095	带选通主从 J-K（同相输入）
4027	双 J-K 主从触发器	4096	带选通主从 J-K（反相输入）

（2）关联型（见附表 C-6）

附表 C-6　关联型

型号	结构	型号	结构
40174	共时钟、复位 6D 触发器（正沿）	40175	共时钟、复位 4D 触发器

4．时序逻辑电路（见附表 C-7）

附表 C-7　时序逻辑电路

型　号	电 路 功 能	型　号	电 路 功 能
4006	4 位寄存器	4033	十进制计数/7 段显示（带消隐）
4014	8 位静态移位寄存器	4034	8 位静态移位寄存器
4015	双 4 位静态移位寄存器	4035	4 位并入/并出移位寄存器
4017	十进制计数/分配器	4036	4×8 静态 RAM
4018	可预置 1/N 计数器	4039	4×8 静态 RAM

续表

型　号	电　路　功　能	型　号	电　路　功　能
4020	14 级二进制串行计数器	4040	12 级二进制计数器
4021	8 位静态移位寄存器（异步并入）	4042	4 D 锁存器
4022	8 进制计数/分配器	4043	4 R-S 锁存器（或非、三态）
4024	7 级二进制计数器	4044	4 R-S 锁存器（与非、三态）
4026	十进制计数/7 段译码/驱动器	4045	21 位计数器
4029	4 位可预置、可逆计数器	4060	14 位串行二进制计数/分频/振荡
4031	64 位静态移位寄存器	4076	4 位 D 寄存器（带三态输出）
4094	8 位移位存储总线寄存器	4520	双二进制加法计数器
4099	8 位可寻址锁存器	4521	24 级分频器
40100	3 位双向静态移位寄存器	4522	可预置 BCD1/N 计数器
40102	8 位 BCD 可预置同步减法计数器	4526	可预置二进制 1/N 计数器
40103	8 位二进制可预置同步减法计数器	4543	BCD-7 段锁存/译码/驱动（液晶）
40104	4 位双向通用移位寄存器（三态）	4547	BCD-7 段锁存/译码/驱动（大电流）
40105	先进先出寄存器	4549	逐级近似寄存器
40108	4×4 多端寄存器	4553	3 位数 BCD 计数器
40110	十进制加减计数/译码/锁存/驱动	4569	双可预置 BCD/二进制计数器
40160	非同步复位 BCD 计数器（可预置）	4557	1～64 位可变字长移位寄存器
40161	非同步复位二进制计数器（可预置）	4559	逐级近似寄存器
40162	同步复位 BCD 计数器（可预置）	4562	128 位静态移位寄存器
40163	同步复位二进制计数器（可预置）	4566	工业时基发生器
40192	BCD 可预置可逆双时钟计数器	4568	相位比较/可编程计数器
40193	4 位二进制可预置可逆双时钟计数器	4580	4×4 多端寄存器
40194	4 位双向通用并行取移位寄存器	4581	4 位算术逻辑单元
4495	4 位-7 位十六进制锁存译码驱动器	4597	8 位总线相容计数/锁存器
4516	二进制 4 位可预置可逆计数器	4598	8 位总线相容可寻址锁存器
4517	双 64 位静态移位寄存器	4599	8 位可寻址双向锁存器
4518	双 BCD 加法计数器		

5. 其他电路（见附表 C-8）

附表 C-8　其他电路

型　号	电　路　功　能	型　号	电　路　功　能
4009	6 反相缓冲器/电平转换器	4066	4 双向模拟开关
4010	6 同相缓冲器/电平转换器	4067	单 16 通道模拟开关
4016	4 双向模拟开关	4097	双 8 通道多路模拟开关
4046	锁相环	4098	双单稳态多谐振荡器
4047	单稳态、无稳态多谐振荡器	4528	双单稳态触发器
4049	6 反相缓冲器/电平转换器	4529	双 4 路或单 8 路模拟开关
4050	6 同相缓冲器/电平转换器	4534	时分制 5 位十进制计数器
4051	8 选 1 模拟开关	4536	可编程定时器
4052	双 4 选 1 模拟开关	4538	双精密单稳态多谐振荡器
4053	3 组二路双向模拟开关	4541	可编程振荡/计时器
4060	14 位串行二进制计数/分频/振荡器	4551	4×2 通道模拟开关

参考文献

[1] 金长义，李朝鲜，束亦清，编著. 计算机电路[M]. 北京：电子工业出版社，1994 年

[2] 王尔乾，巴林凤，编著. 数字逻辑及数字集成电路[M]. 北京：清华大学出版社，1994 年

[3] 阎石. 数字电子技术基础（第 4 版）[M]. 北京：高等教育出版社，1998 年

[4] 瞿德福，编著. 实用数字电路读图方法（第 2 版）[M]. 北京：机械工业出版社，2000 年

[5] 何超，主编，余席桂副主编. 计算机电路基础[M]. 北京：中国水利水电出版社，2002 年

[6] [美]克莱茨（Kleitz，W.），著. VHDL 数字电子学[M]. 李慧军，译. 北京：科学出版社，2008 年

反侵权盗版声明

电子工业出版社依法对本作品享有专有出版权。任何未经权利人书面许可，复制、销售或通过信息网络传播本作品的行为；歪曲、篡改、剽窃本作品的行为，均违反《中华人民共和国著作权法》，其行为人应承担相应的民事责任和行政责任，构成犯罪的，将被依法追究刑事责任。

为了维护市场秩序，保护权利人的合法权益，我社将依法查处和打击侵权盗版的单位和个人。欢迎社会各界人士积极举报侵权盗版行为，本社将奖励举报有功人员，并保证举报人的信息不被泄露。

举报电话：（010）88254396；（010）88258888

传　　真：（010）88254397

E-mail：　dbqq@phei.com.cn

通信地址：北京市万寿路 173 信箱

　　　　　电子工业出版社总编办公室

邮　　编：100036